Midjourney
——人工智能绘画——
从入门到精通

盛 少◎著

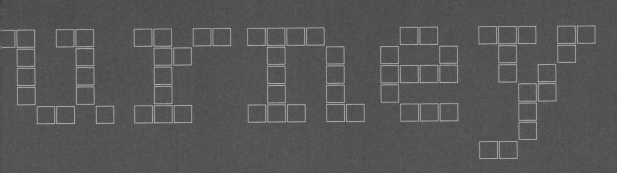

清华大学出版社

北 京

图书在版编目 (CIP) 数据

Midjourney 人工智能绘画从入门到精通 / 盛少著 . —北京：清华大学出版社，2023.9
ISBN 978-7-302-64573-3

Ⅰ . ① M⋯ Ⅱ . ①盛⋯ Ⅲ . ①图像处理软件 Ⅳ . ① TP391.413

中国国家版本馆 CIP 数据核字 (2023) 第 177071 号

责任编辑： 顾　强
装帧设计： 方加青
责任校对： 宋玉莲
责任印制： 刘海龙

出版发行： 清华大学出版社
　　　　　　网　　　址：http://www.tup.com.cn，http://www.wqbook.com
　　　　　　地　　　址：北京清华大学学研大厦 A 座　　　　　邮　　编：100084
　　　　　　社 总 机：010-83470000　　　　　　　　　　邮　　购：010-62786544
　　　　　　投稿与读者服务：010-62776969，c-service@tup.tsinghua.edu.cn
　　　　　　质 量 反 馈：010-62772015，zhiliang@tup.tsinghua.edu.cn
印 装 者： 河北华商印刷有限公司
经　　销： 全国新华书店
开　　本： 170mm×240mm　　　**印　张：** 15.25　　　**字　数：** 254 千字
版　　次： 2023 年 9 月第 1 版　　　**印　次：** 2023 年 9 月第 1 次印刷
定　　价： 89.00 元

产品编号：103415-01

没学过美术，能绘画出精彩的作品吗？

在人工智能艺术出现以前，这基本上是不可能的事情。

随着人工智能艺术的日益成熟，只要你有想象力和表达能力，借助 AI（人工智能）绘画工具，就可以轻松绘画出精彩的作品。Midjourney 就是一款经典的 AI 绘画工具。本书所探讨的就是人工智能在绘画领域的应用，以及如何通过学习使用 Midjourney，使艺术创作变简单。

我是一名资深的设计师，也是一个对技术充满热情的人，尤其是对于人工智能和艺术的结合，我总是充满好奇。我相信，通过有效的工具和正确的学习，人人都可以成为艺术家。我们可以用绘画来表达自己的思想和情感，让我们的创意变成作品。这就是我写这本书的缘由。我希望《Midjourney 人工智能绘画从入门到精通》可以成为你进行艺术创作的指南，不论你是否有绘画基础，都可以通过学习这本书，理解和掌握 AI 绘画技巧，使用 Midjourney 创作出自己的作品。

在《Midjourney 人工智能绘画从入门到精通》中，我将详细介绍 Midjourney 的基本功能，教你如何使用它来创作绘画作品。我会向你展示，不论你的目标是什么，是想要画一幅简单的草图，还是设计一张复杂的插图，Midjourney 都能帮你实现。我还会分享一些高级技巧，让你可以更好地掌握这个工具，创造出商业价值。你只要保证自己具备以下三点，就可以利用人工智能艺术创作出任何你想要的东西：

一是想象力。

二是表达能力。

三是使用 AI 绘画工具的能力。

想象力和表达能力是你所要具备的，而我将在这本书里教会你使用 AI 绘画工具的能力。我将和你一起探讨 AI 绘画对我们生活和工作的影响，我们会看到 AI 绘画不仅可以作为一个创意工具，让艺术创作变得更加容易，也可以作为一个实用工具，帮助我们在工作中更高效地完成任务。例如，设计师可以使用 AI 绘画来快速生成设计草图，教师可以用它帮助学生理解艺术的基本原理，企业可以用它创建吸引人的广告，建筑工程师可以借助它做新建筑概念设计。AI 绘画正在为我们的生活和工作带来更多的可能，值得我们每一个人认真学习。

我写这本书的时候，也是一次重新学习的过程。我在其中不断学习、探索、创作和发现。我希望你在阅读这本书的时候也能经历这样的过程，从对 Midjourney 的陌生到对它的理解，再到熟练地使用它，甚至可以借助它来解决你在生活和工作中遇到的问题。例如，你可以在以下方面运用 Midjourney。

◆ 你可以把 Midjourney 变成一个虚拟相机，生成各种摄影作品。

◆ 你可以使用 Midjourney 创作出各种高清图片，建立个人图库，满足自己日常图片的使用。

◆ 你可以使用 Midjourney 绘制插画，将绘制的插画配上一段段故事，作为睡前故事哄自己的孩子入睡。

Midjourney 可以做到的远不止这些，它是一个强大的 AI 绘画工具，可以将人工智能的力量和艺术创作自由地结合在一起，为我们提供了一个全新的创作平台。无论你是初学者，还是有经验的艺术家；无论你是在寻找一个可以快速实现你的创意的工具，还是想要深入研究 AI 绘画的可能性，Midjourney 都能满足你的需求。

在这本书中，我将带你深入了解 Midjourney 的各种功能，让你看到 AI 绘画的魅力。我将通过实例和练习，帮助你掌握使用 Midjourney 的技巧。我相信，通过阅读这本书，你不仅能够理解 AI 绘画的基本原理，更能够使用 Midjourney 创作出属于自己的艺术作品。

在这里我想对你说，学习新的技能总是需要时间和努力的，但是我相信，只要你有决心、有热情，你一定可以学会。我希望这本书可以成为你学习 AI 绘

画的伙伴，不论你遇到什么困难，都可以在这里找到答案。我也期待看到你用 Midjourney 创作出属于自己的作品，看到你的创意得以实现。

　　最后，我希望《Midjourney 人工智能绘画从入门到精通》不仅是一本教程，还可以是想象力的引擎，来释放你的想象力。

　　这是一个令人兴奋的开始，也预示着一个有着无限可能的时代。

扫描下载本书
配套资料

目录

第 3 章 Midjourney 命令及参数指南

第 4 章 Midjourney 高级使用技巧

第 5 章　Midjourney 专业进阶和商业应用

第6章 Midjourney 组合应用与创新技术探究

认识Midjourney 第1章

1.1 Midjourney 简介

Midjourney 是一个独立的研究实验室 [①] 开发的人工智能程序，可以根据提示文本生成图像。Midjourney 的开发，是为了探索新的思维媒介并扩展人类的想象力。2022 年 7 月 12 日，Midjourney 进入公开测试阶段，用户可以通过 Discord 的机器人提示词进行操作。

自开发出来以后，Midjourney 一直在不断完善算法，每隔几个月就会发布新的模型版本，Midjourney 模型的演变过程揭示了其对效率、连贯性和质量的不懈追求。截至 2023 年 6 月，该程序使用的是 5.2 版本。其图像生成算法第二版于 2022 年 4 月推出，第三版于 2022 年 7 月 25 日发布。2022 年 11 月 5 日，第四版的 alpha 迭代版发布，第五版的 alpha 迭代版于 2023 年 3 月 15 日发布，第六版的图像模型也即将发布。Midjourney V6 的发布预示着可以用更短的时间和精力创造出更有视觉吸引力的绘画作品，为用户的艺术表达提供前所未有的自主权，这将是使用者十分期待的一次版本更新。

类似 Midjourney 这样通过提示文本生成图像的人工智能艺术工具，还有 OpenAI 的 DALL·E、Leonardo、Stable Diffusion、谷歌大脑的 Imagen 和 Parti，以及微软的 NUWA-Infinity，等等。从生成的图像质量和效果来看，目前最值得学习和使用的是 Midjourney。用户可使用 Midjourney 创作出令人叹为观止的艺术作品，使这个工具受到越来越多人的喜爱。2022 年 8 月，一位网名为 Sincarnate 的用户使用 Midjourney 生成的画作，在美国科罗拉多州博览会夺下 Fine Arts Exhibition 数字艺术首奖，将 Midjourney 这个工具在全球的传播推向了高潮。

1.2 Midjourney 适合人群介绍

Midjourney 是一个 AI 绘画工具，在我看来，任何人都可以通过本书的学习掌握 Midjourney 的使用方法。Midjourney 的用户群体包括但不限于以下几类人群：

[①] 该研究实验室由 Leap Motion 的创办人大卫·霍尔兹（David Holz）负责和领导。

◆ 平面设计师。希望利用人工智能提高工作效率，扩展创意思维，释放想象力，弥补自身绘画技能的不足，借助 AI 绘画工具创作出杰出作品的设计师。

◆ 企业家。希望使用人工智能创造独特视觉效果的个人，包括标志、产品图像和网站的设计等。

◆ 营销人员。参与营销或广告设计的人员，希望为活动或社交媒体内容创建引人注目且引人入胜的视觉效果。

◆ 网页设计师。有兴趣使用人工智能生成的图像来增强网站和用户界面的视觉吸引力的专业人士或业余爱好者。

◆ 内容创作者。希望将独特和定制的视觉效果融入内容创作的博主、社交媒体影响者和视频创作者。

◆ 摄影师。有兴趣探索人工智能生成图像的潜力，以增强或补充摄影作品的专业人士或爱好者。

◆ 电子商务专业人士。参与电子商务并寻求为在线商店和列表生成产品图像和视觉效果的个人。

◆ 教育工作者和培训师。在设计、营销或技术等领域进行教学或培训，并希望将人工智能生成的图像纳入课程材料的人员。

◆ 爱好者。对人工智能、设计或技术有兴趣，想要了解人工智能生成图像，以进行个人项目或创意探索的个人。

◆ 想要换行业的求职者。考虑将职业转向设计、营销或其他可以从本课程中获得技能受益的人士。

1.3　什么是 Midjourney 图像生成器

Midjourney 图像生成器是一个想象力引擎。它可以快速生成大量的图像，让我们的创意在创新和艺术的道路上高效地实现。它可以帮助我们呈现想象的画面，让我们的想象力以前所未有的方式具象化。我们不能把 Midjourney 简单地看成一个 AI 图像生成器，不然我们就忽视了它真正的力量。当我们开始使用 Midjourney 生成图像的时候，会发现突然被淹没在海量的图像中。这是一种新的体验，一种以前从未有过的体验。在这个意义上，Midjourney 更像是一股急流，带我们进入了一个新的、广阔的、充满可能性的世界。

重要的是，Midjourney 图像生成器是水一样的存在。它有力量、有能量，但它没有意志、没有情绪。它可以带来危险，也可以带来机会。我们可以利用它的力量，也可以被它的力量淹没。这完全取决于我们如何对待它、如何理解它、如何与它共存。

在这个意义上，AI 并不是我们的敌人，也不是我们的朋友。它就像水一样，是我们生活中的一部分。我们可以学习、使用它来帮助我们解决生活和工作中的问题，同时需要学会理解它、尊重它，和它共存，并从中找到属于我们的机会和可能性。

1.4　学习 Midjourney 应该注意什么

虽然 Midjourney 是一个自动化的工具，但它并不能替代你的创新思维和创作技巧。我们需要学习如何使用 Midjourney 来表达创作想法，而不是完全依赖它。再者，我们应该经常实践和尝试新的功能，以更好地掌握 Midjourney，保持开放的心态，敢于尝试和犯错。只有这样，我们才能掌握 Midjourney 的使用方法和技巧。

在学习 Midjourney 之前，以下几点需要我们注意。

理解 AIGC[①] 的基础概念。使用 Midjourney 之前，我们要先理解一些基本的人工智能和图像生成概念。这将帮助你更好地理解 Midjourney 是如何工作的，以及如何有效地使用它。

认真学习提示语句和参数的使用。Midjourney 的提示语句和参数是非常重要的，它决定了我们生成图像的质量。我们要知道如何使用这些功能，比如改变模型版本、选择不同的风格等，这可以帮助我们精确地控制生成的图像。

管理自己的预期，理解 AI 绘画功能的局限性。Midjourney 是一个绘画工具，它可以根据你的指示语句生成图像。但是它的理解和创造力局限于它所训练的数据，它可能无法完全理解某些特定的、复杂的或特定的文化概念。因此，有时你可能需要尝试微调不同的提示关键词，或者在提示语句中提供更多的上下文，以得到你想要的结果。

注重网络安全。和所有在线工具一样，使用 Midjourney 时要注意网络安全。

---

① Artificial Intelligence Generated Content 的缩写，即生成式人工智能。

不要在 Midjourney 的公共服务器上分享敏感的信息，也不要下载和打开来源不明的文件。

探索并使用不同的模型和参数。Midjourney 提供了多种模型和参数，每个模型和参数都有自己的优点和特点。不同的模型和参数可能产生截然不同的结果。因此，尝试并了解各种模型和参数的特性，可以帮助我们更好地利用 Midjourney。

遵守道德和版权相关法律规定。Midjourney 的使用应遵守相关的道德和法律规定。例如，不应使用 AI 生成违法、侵犯他人权益或不道德的内容。此外，应尊重他人的创新成果，不应使用 AI 无偿或未经许可复制他人的艺术作品。

鼓励创新和探索。Midjourney 是一个很好的工具，可以用来鼓励创新和探索。教育者可以鼓励学生使用 Midjourney 尝试新的创作方式、探索新的艺术风格，以及了解人工智能的应用。

希望大家通过本书的学习可以最大限度地发挥 Midjourney 的潜力，并在创作过程中找到乐趣。

1.5　Midjourney 主要用途介绍

Midjourney 的用途多种多样，根据我们的需求和想象力，可以使用它完成各种项目。在专业领域，设计师和艺术家可以利用 Midjourney 快速生成概念草图或可视化设计，节省时间并提高工作效率。对于老师和学生，Midjourney 可以作为教学工具，帮助学生理解艺术创作的基本原理。对于企业，Midjourney 可以用于创建商业图形、标志或广告，提升品牌形象。对于个人用户，Midjourney 是一个独特的创作平台，我们可以用它画出自己的梦想，分享自己的故事。

从商业角度看，Midjourney 可以在许多领域发挥作用，包括但不限于以下几个方面：

广告和营销。使用 Midjourney，广告设计师和营销人员可以轻松地生成独特的和吸引人的图像。这些图像可以用于社交媒体广告、电子邮件营销、网站横幅广告、海报和插画等。通过具有视觉冲击力的图片，可以吸引消费者的注意力，提高品牌的知名度和销售额。

产品设计和原型制作。产品、建筑和工业设计师可以使用 Midjourney 快速生成产品设计的初始概念或原型。这可以帮助他们更好地与客户沟通设计理念，并在早期阶段得到反馈，从而减少迭代时间和成本。

内容创作。内容创作者如自媒体博主、图书作者、新闻编辑等可以使用 Midjourney 生成文章插图，不仅可以提高文章的吸引力，而且可以帮助读者更好地理解文章的内容。

娱乐和游戏产业。在电影、电视、动画和视频游戏产业中，Midjourney 可以用于角色设计、场景设计、道具设计或其他视觉元素，不仅可以大大节约创作时间和成本，还可以生成一些独特的视觉效果，这些独特的视觉效果可能在传统的设计中是无法想象出来的。

零售和电子商务。零售商和电子商务网站可以使用 Midjourney 生成产品图像或其他营销材料。例如，可以使用 Midjourney 生成产品在不同场景下的图像，以帮助消费者更好地理解产品的用途和功能。

教育和企业培训。学校或企业在教育培训中可以使用 Midjourney 创建训练材料，如插画、模拟图像等，以帮助人们更好地理解复杂的概念或流程。

时尚与艺术。在时尚和艺术行业，设计师可以利用 Midjourney 生成新的服装或配饰设计概念，加速设计过程并探索新的设计方向。艺术家可以使用 Midjourney 创作出有特定主题、风格和情绪的图像，为艺术创作提供灵感。时尚品牌可以使用 Midjourney 生成引人入胜的视觉内容，以吸引消费者，并推广他们的产品，甚至可以利用 Midjourney 生成描述未来趋势的图像，以更好地传达他们的想法。

不论你是谁，不论你在哪里，Midjourney 都能为你提供一个全新的创作空间，让你的想象力无限放大。

以上就是对 Midjourney 的初步介绍，希望通过这些内容你能够对 Midjourney 有一个基础性的了解。在接下来的章节我们将深入探讨如何使用 Midjourney，以及如何利用 Midjourney 创建出惊人的作品。

1.6 通过本书的学习，你将获得什么

无论你是初次接触绘画的新手，还是资深的设计师，抑或是成名已久的艺术家，《Midjourney 人工智能绘画从入门到精通》都会为你敞开通往 AI 绘画世界的

大门。本书旨在帮助你充分理解和利用 Midjourney 这个强大的 AI 绘画工具，创作出令人瞩目的视觉图像作品。

我们并不期待你有任何关于 Midjourney 或者人工智能的经验或知识，只要你具备基础的计算机操作能力，能够熟练使用电脑、顺畅地浏览网络，以及保持一个可靠稳定的网络环境，你就能够通过本书达到以下目标。

1. 精通 Midjourney 平台的基本操作，熟悉并掌握其高级功能。

2. 能利用 Midjourney 解决日常生活中的各种图像问题。

3. 能运用 Midjourney 设计出引人注目的艺术作品。

4. 能创造出独特且吸引人的视觉效果，提升营销活动、社交媒体等平台的吸引力。

5. 能在商业设计中节省创意设计时间，降低成本并提升工作效率。

我希望《Midjourney 人工智能绘画从入门到精通》这种书能成为你打开 AI 绘画艺术世界的大门，释放你的想象力，实现你的创作梦想。

如何使用 Midjourney

2.1 注册并安装 Discord 服务器

Midjourney 是在 Discord 服务器上运行的，我们使用 Midjourney 需要先注册并安装 Discord 服务器。Discord 是一个社区交流平台，目前 Discrod 可以在网页端和客户端同时运行。

2.1.1 下载 Discord 客户端

访问 Discord 官网，在它的下载页面提供了 Windows、iOS、安卓、Linux、MacOS 等各个操作系统环境下的 Discord 软件下载。我们可以根据自己的硬件设备，下载对应的 Discord 客户端。对于手机和平板电脑用户来说，也可以直接在 Google Play 商店或者苹果的 App Store 里下载。

如果我们不想下载该应用程序，也可以直接从浏览器上访问 Discord 官网，在网页服务器上使用。我建议大家最好安装 Discord 客户端，这样就不用每次都从浏览器上进入，桌面客户端在使用上体验感最好。

2.1.2 安装 Discord 桌面客户端

我们推荐使用 Discord 桌面客户端，以获得 Midjourney 使用的最佳体验。以下是安装 Mac 或 Windows 客户端的方法。

1. 安装 Mac 系统 Discord 客户端

使用您喜欢的浏览器前往下载页面，下载适用于 MacOS 的桌面应用程序。

第一步，点击"Download for Mac"（下载 Mac 版）按钮。

第二步，选择打开 Discord.dmg 文件，然后点击"OK"（确定）按钮。

第三步，将 Discord 图标拖放到弹出窗口的"Applications"（应用程序）文件夹上。

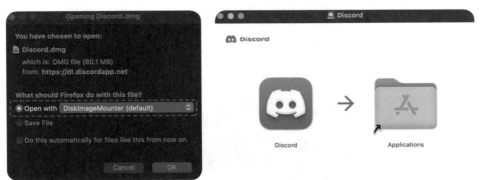

2. 安装 Windows 系统 Discord 客户端

使用您喜欢的浏览器前往下载页面，下载适用于 Windows 系统的桌面应用程序。

第一步，按"Download for Windows"（下载 Windows 版）按钮。

第二步，按照浏览器的提示保存并打开 DiscordSetup.exe，以开始安装过程，等安装进度条跑完，我们就成功地把 Discord 服务器安装在电脑上了。

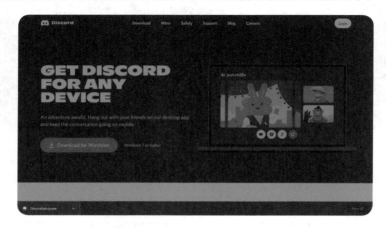

2.1.3　创建自己的 Discord 账号

第一步，打开登录界面，点击"注册"。

第二步，打开注册页面，依次填写个人信息，勾选服务条款，点击"继续"按钮创建账号。

第三步，通过"我是人类"的验证，这个界面可能会出现好几次，根据你的 IP 网络环境的稳定性而定。

第四步，按照操作提示，使用手机短信验证码进行验证。

第五步，按照操作提示，进行电子邮箱验证。

第六步，邮箱验证通过，点击"继续使用 Discord"按钮，我们就拥有了 Discrod 账户。

2.1.4 创建自己的 Discord 服务器

上一小节我们创建了自己的 Discord 账号。Discord 是一个即时通信社交平台，服务器相当于一栋大厦，服务器内的每一个频道代表大厦里的每一个房间，我们可以在房间里与朋友聊天、使用各种应用程序。Midjourney 就是在这样一个房间里面供我们使用，每个用户最多可以加入或创建 100 个 Discord 服务器。

注册完成后，进入 Discord，按照以下图示，根据自己的需求一步步创建自己的首个 Discord 服务器。

创建您的首个 Discord 服务器

您的服务器是您和好友聚首的地方。创建您自己的服务器，开始畅聊吧。

🌐 亲自创建	>

从模板开始

🎮 游戏	>
🎒 学校俱乐部	>
🎒 学习小组	>

已经有了邀请？加入服务器

告诉我们更多关于您服务器的信息

为了帮助您进行设置，请回答您的新服务器是仅供几个朋友使用，还是供更大的社区使用？

👥 供俱乐部或社区使用	>
🚪 仅供我和我的朋友使用	>

还不确定？你可以暂时跳过该问题。

后退

自定义您的服务器

一个名称以及一个图标就能赋予您的服务器个性。之后，您可以随时进行变更。

UPLOAD

服务器名称

your name

您创建服务器即代表您同意了 Discord 的 社区守则。

后退　　　　　　　　　　创建

点击"带我去我的服务器"就进入 Discord 应用程序的界面了，Discord 应用程序最左侧是服务器列表，若要添加新的服务器，可以点击中间是加号的小圆形图标重复以上操作进行创建，也可以点击中间是指南针的小圆形图形在公共频道加入公共服务器。也可以通过上下拖动服务器图标来重新排列服务器列表，甚至可以通过将服务器拖到另一个服务器来将它们组合在一起。

2.2 将 Midjourney 添加在 Discord 服务器上

将 Midjourney 添加到 Discord 服务器上常用的方法有两种：一种是从 Midjourney 官网上添加，另一种是从 Discord 服务器社区里添加。

2.2.1　从 Midjourney 官网上将 Midjourney 添加到 Discord 服务器

第一步，打开 Midjourney 官网。

　　第二步，在已经登录 Discord 的情况下，进入 Midjourney 官网页面。页面底部有一排按钮，点击 "Join the beta" 按钮，可以自动将 Midjourney 服务器添加到 Discord 平台的频道里。

　　Midjourney 官网页面底部有 4 个按钮，所表示的意思如下。

◆ Geetting Started：点击进入 Midjourney 入门手册。

◆ Showcase：点击进入 Midjourney 分享图片社区。

◆ Join the beta：点击将 Midjourney 添加到 Discord 社区平台。

◆ Sign In：登录和进入自己的 Midjourney 主页。

第三步，当你看到 "您已被邀请加入 Midjourney" 界面时，填写用户名，点击"继续"按钮。

第四步，通过"我是人类"的验证。

这样我们就成功地把 Midjourney 加到我们的 Discord 服务器上，下图左侧栏中看到的帆船图标就是 Midjourney，我们可以在这个频道里使用它。

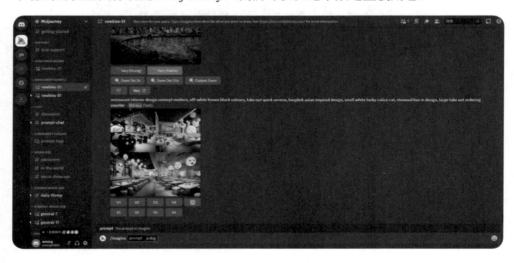

2.2.2　从 Discord 服务器社区里添加 Midjourney

接下来我们介绍另一种添加 Midjourney 的方法。可以直接从 Discord 应用程序的左侧栏，点击带指南针的小圆标，在 Discord 的社区里搜索 Midjourney。我们可以看到特色社区第一个服务器就是 Midjourney。

点击特色社区里的 Midjourney 服务器，申请加入。

也可以把 Midjourney 服务器加入到 Discord 应用程序里。

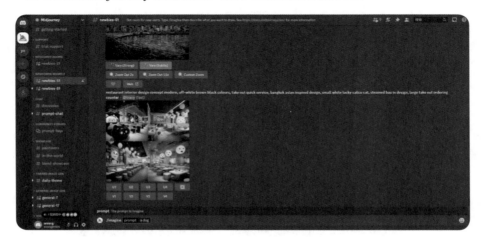

当我们把 Midjourney 添加到 Discord 应用程序中，尝试在底部的提示输入框使用 [/imagine] 输入一个简单的提示词：a dog，然后按下"Enter"按钮，实际上我们已经开始使用 Midjourney 了。经过几秒的等待，界面如下图所示。

我们发现还是用不了 Midjourney。由于 Midjourney 用户的迅速增长，该平台已经停止了原本提供的 25 次免费试用机会，转而推出了订阅服务，仅有订阅用户才能享有使用权。那么如何订阅 Midjourney 呢？我们一起来了解一下。

2.3 如何订阅 Midjourney 会员

Midjourney 具有 3 个订阅级别。按月或全年支付，后者可享受 20% 的折扣。每个订阅计划都包括访问 Midjourney 会员图库、官方 Discord、一般商业使用条款等。订阅会员需要有外币信用卡或银联信用卡，Midjourney 曾支持支付宝支付，但现已取消。如果你没有信用卡，可以通过其他渠道购买订阅会员账号或租用共享账号。

2.3.1 订阅方法

第一步，在输入框中输入 [/subscribe] 命令，点击"Open subscription page"链接。也可以访问 midjourney.com/account，或者登录 Midjourney 网站从侧边栏进行选择。

第二步，选择"每月结算"或者"按年计费"，然后选择订阅计划（推荐 30 美元 / 月，因为 Relax 模式可以无限出图），选择好后点击"订阅"。

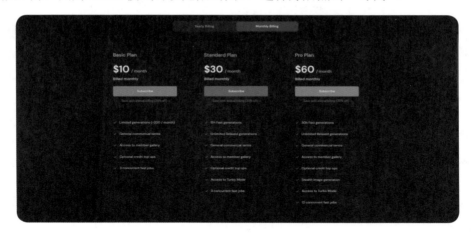

第三步，输入支付信息，点击"订阅"即可。

2.3.2　方案比较

	基本计划	标准计划	专业计划
每月订阅费用	10 美元	30 美元	60 美元
年度订阅费用	96 美元 （8 美元/月）	288 美元 （24 美元/月）	576 美元 （48 美元/月）
快速 GPU 时间	3.3 小时/月	15 小时/月	30 小时/月
每月放松 Relax GPU 时间	-	无限	无限
购买额外的 GPU 时间	4 美元/小时	4 美元/小时	4 美元/小时
在直接消息中单独工作	✓	✓	✓
隐形模式	-	-	✓
最大队列	3 个并发作业 10 个作业在队列中等待	3 个并发作业 10 个作业在队列中等待	12 个并发快速作业 3 个并发宽松作业 10 个在队列中等待的作业
对图像进行评分以获得免费 GPU 时间	✓	✓	✓
从 Midjourney 网站批量下载您的图像	✓	✓	✓
使用权	一般商业条款*	一般商业条款*	一般商业条款*

2.3.3 支付方式

目前，Midjourney 接受 Stripe 支持的付款方式，包括由 Mastercard、VISA 或 American Express 等服务机构发行的信用卡或借记卡。作为支付行业中最高认证级别的 PCI 一级服务提供商，Stripe 的安全性能够得到保障。在某些地区，Google Pay、Apple Pay 和 Cash App Pay 也是可行的支付方式，暂且不支持 Pay - Pal、电汇和其他类似的支付方式。

2.4 如何在 Discord 创建专属自己的绘画服务器

订阅成功后，我们就可以愉快地使用 Midjourney 了。通常我们会在 Midjourney 服务器左侧栏 "NEWCOMER ROOMS" 即新手频道里画图，但这样做会有一个弊端，就是我们的绘画作品通常会被淹没在其他用户的绘画瀑布流里，难以查找。

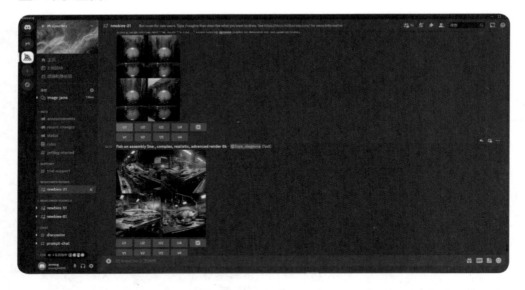

那么如何将 Midjourney 绘画机器人加入自己创建的频道，创建属于自己的绘画服务器房间呢？这样在整个频道里就只有自己的作品和绘画作业。

第一步，点击 Discord 左侧边栏带有 "小帆船" 的小圆形图标，进入 Midjourney 频道，在频道右侧可以看到 Midjourney 机器人。

第二步，如果在界面右侧没有看到 Midjourney 机器人，是因为右侧边栏的内容没有显示出来。点击顶部导航类似通讯录的两个重叠的小人图标，界面右侧的 Midjourney 机器人就会显示出来。

第三步，点击"Midjourney Bot"（Midjourne 机器人），再点击"添加到服务器"，按提示授权，将其加入我们创建的服务器中。

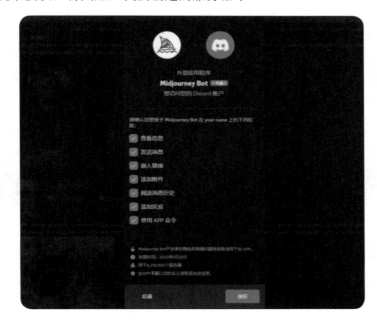

第四步，我们注意到底部有提示，"Midjiourney Bot 刚刚滑入服务器中"，在界面的右侧边栏多了一个 Midjourney Bot 标识，这样我们就创建了自己的绘画服务器，可以在自己的绘画服务器频道愉快地绘画了。

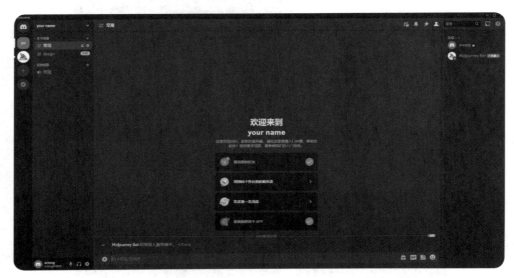

2.5 | 生成你的第一张 Midjourney 绘画作品

2.5.1 生成绘画作品

为了说明任何零基础的个人都可以学会使用 Midjourney 进行绘画，我们从最简单的画一条可爱的小狗开始。绘画时需要用到 Midjourney 的 [/imagine prompt] 绘画命令。在界面底部的输入框中输入 [/] 斜杠，在弹出的命令中选择 [/imagine prompt]，在 prompt 的框内输入"a dog"。

然后，点击"Enter"键，静静等待几秒，我们的第一张 Midjourney 绘画作品就生成了，是不是很简单呢？

第一次绘画的时候，有时候会出现下面的界面，没有生成图像。这时不要慌，根据"接受服务条款"提示，点击"Accept ToS"就可以了。

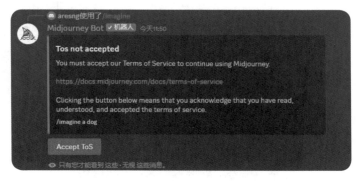

2.5.2　调整绘画作品

在 Midjourney 完成图像生成后，会出现一系列操作按钮，这些按键对应着不同的图像处理功能。数字 1、2、3、4 代表生成的图像序列，这些数字在"U"和"V"按钮后面作为对应的顺序标记。具体功能如下。

◆ "U" 按钮。这个按钮允许你放大所选图像和提升图像品质细节。当你选择此操作后，图像的分辨率会提高，达到约 1024×1024 像素。

◆ "V" 按钮。这个按钮用于产生你所选定的图像的变种。也就是说，选中此项后，Midjourney 将根据原始图像生成 4 个新的图像，新图像将保留原始图像的整体风格和构图特征。

◆ "旋转" 按钮。这个按钮用于完全重构图像。一旦点击，Midjourney 将生成 4 个全新的、不同于原始图像的作品。

这 4 张生成的小狗图像，我觉得第二张更可爱一些，你觉得呢？我们试着选择 "U2" 按钮来对图像进行优化。点击 "U2" 按钮得到以下图例，图例下方有 5 个不同的按钮。

Midjourney 完成图像生成后，你会看到几个用于图像处理的功能按钮。

◆ "Vary" 按钮。这个按钮源自之前的 "Make Variations" 按钮，可供你在高变化模式 "Vary (Strong)" 和低变化模式 "Vary (Subtle)" 之间选择，可对原始图像进行细微或大幅度的调整。

◆ "Zoom Out" 按钮。此按钮可用于缩小图像视角，同时在四周自动填充细节。具体选项包括缩小 1.5 倍并填充周围细节（"Zoom Out 1.5x"），以及缩小 2 倍并填充周围细节（"Zoom Out 2x"）。

◆ "Custom Zoom" 按钮。这个选项提供了一个弹出的文本框，允许缩小图像的同时，更改提示语，调整宽高比或者精确地缩小图像。

◆ "心形" 按钮。点击这个按钮表示你喜欢当前的作品。

◆ "Web 分享"按钮。点击此按钮可以在浏览器中预览生成的图像。

这些选项都旨在给你更多的自由度和控制力，让你可以根据自己的创意需求，灵活地处理和修改生成的图像。

2.5.3 保存绘画作品

可以单击图像打开为全尺寸，或者在浏览器中预览图像，然后点击鼠标右键，另存图像。在移动设备上，长按图像，然后点击右上角的下载图标，另存在我们想存放的位置。这样我们的第一幅人工智能艺术 Midjourney 生成的绘画作品就做好了，是不是超级简单？赶紧动手试一试吧。

2.6 如何获取自己的作品信息

鼠标右键点击"添加反应"按钮，选择"envelope"信封图标单击发送，或者点击 Midjourney 图像作业栏右上角"月亮加号"按钮，调出"emoji"表情弹窗。在左侧栏点击"咖啡"表情，然后在表情弹窗右侧找到"信封"表情，单击发送给 Midjourney Bot。

Midjourney 将通过私人消息（DM）的形式，将生成图像的相关信息发送给你。你也可以在左侧导航栏点击第一个机器人头像图标，从而轻松查看这些信息。在接收到的信息中，你将看到包括图像的描述语、Seed（种子）、作业 ID，以及生成图像的过程视频链接等详细内容。

这些信息可以帮助你更好地理解人工智能绘画艺术的创作，同时在很多场景下会发挥很大的作用。对于这些信息的作用，我们在之后的章节会逐步讲解。

2.7 如何查看自己的作品集

当我们的作品越来越多，不知道去哪里查看自己的作品集的时候，可以登录Midjourney 官网，点击"Sign In"登录自己的账号。登录后，你将自动进入你的Midjourney 个人主页，这里面展示的都是你生成的 AI 绘画图像作品。

2.8 如何让自己的作品获得官方奖励

Midjourney 平台为用户设立了一个特别的功能，就是可以对图像进行排名。你可以在 midjourney.com/app/rank-pairs/ 参与这个有趣的活动，只需要挑选出自己最喜欢的图像。每日排名前 2000 名的图像，其评分者将有机会获得一小时免费的 Fast GPU 使用权。

无论你喜欢的是图像的外观、色彩、概念，还是图像主题，都可以根据自己的喜好送上一个小红心。每日排名前 2000 名的图像评分者将获得一小时的免费 Fast GPU 时间。如果你是当天评分最高的人之一，你将收到来自中途机器人的"直接消息"，可免费使用 Fast GPU 一小时。这些时间的有效期为 30 天，需要有效订阅才能使用。你可以在 midjourney.com/account 页面的类别中查看获得了多少小时的 Fast GPU 免费使用时间。

Midjourney
命令及参数指南

第3章

3.1 Midjourney 的绘画模型版本说明

Midjourney 定期发布新模型版本，以提高效率、一致性和质量。默认一般为最新模型，但可以通过添加 --version 或 --v 参数或使用 [/settings] 命令选择型号版本。每个版本的绘画模型都有一定的独特性，可生成不同的图像。下面我们将对各个版本的特性进行详细介绍，并附有版本优劣势对比。我们仍以小狗画像来做不同版本的对比。

Midjourney V5.2 模型

◆ Midjourney V5.2 模型。作为目前最新、最先进的模型，Midjourney V5.2 于 2023 年 6 月发布。相比其他模型，该模型能生成更详细、更清晰的图像，颜色、对比度和构图表现更出色。与早期版本相比，Midjourney V5.2 对提示有更强的理解力，并对 --stylize 参数的响应更灵敏。要使用此模型，可添加参数 --v5.2 或使用 [/settings] 命令并选择 MJ Version 5.2。

◆ Midjourney V5.1 模型。此模型于 2023 年 5 月 4 日发布。相比其他模型，此模型具有更强的默认美感，更易于生成与简单文本提示相匹配的图像。它还具有高度的一致性，擅长准确解释自然语言提示，提高了图像清晰度，并支持重复模式等高级功能，如 --tile。要使用此模型，可添加参数 --v5.1 或使用 [/settings]命令并选择 MJ Version 5.1。

Midjourney V5 模型   Midjourney V5 模型

◆ Midjourney V5 模型。与默认的 V5.1 模型相比，V5 模型可生成更多不同种类的摄影图像。它所生成的图像与提示非常匹配，但可能需要更多的提示才能达到理想的美感。要使用此模型，可添加参数 --v5 或使用 [/settings] 命令并选择 MJ Version 5。

◆ Midjourney V4 模型。作为 2022 年 11 月至 2023 年 5 月的默认模型，Midjourney V4 具有全新代码库和 AI 架构，并在 Midjourney AI 超级集群上进行训练。它在理解生物、地点和物体方面做得比之前的模型更好，并在图像提示方面表现出色。

Midjourney V4 模型   Niji 模型

◆ Niji 模型。作为 Midjourney 和 Spellbrush 的合作产品，Niji 模型专门用于创建动漫和插图风格的图像，具有丰富的动漫、动漫风格和动漫美学知识。该模型非常适用于生成动态和动作镜头以及以角色为中心的构图。此外，还可以用参数对其进行微调，如"--style cute""--style scenic""--style original"或"--style expressive"。

更换模型的方式有两种：一种是在提示末尾添加参数（如 --v 4,--v 5 等），另一种是使用 [/settings] 命令并从菜单中选择所需的版本。另外，还可以使用"--version"或"--v"参数来尝试之前的 Midjourney 模型。主流绘画模型的优劣势对比如表 3-1-1 所示。

表 3-1-1　Midjourney 绘画模型版本对照表

版　　本	发 布 日 期	主 要 优 势	使 用 场 景
Midjourney V5.2	2023 年 6 月	图像更清晰、更详细，颜色、对比度和图像布局更合理	适用于各种类型的图像生成
Midjourney V5.1	2023 年 5 月 4 日	默认美感强，易于理解简单提示，具有高度一致性	适用于简单的文本提示
Midjourney V5	2023 年 3 月 15 日	产生更多与提示匹配度高的摄影图像	适用于需要详细提示的图像生成
Midjourney V4	2022 年 11 月 5 日	新的代码库和 AI 架构，理解生物、地点和物体的能力强	适用于需要详细和具体提示的图像生成
Niji 5	2023 年 4 月 5 日	专门用于创建动漫和插图风格的图像	适用于需要动漫和插图风格的图像生成

3.2　Midjourney 命令介绍

Midjourney 机器人是一个与 Discord 平台进行交互的强大工具，它能够根据你的描述提示词生成图像，更改默认设置，执行许多有用的任务。在任何配备了 Midjourney 机器人的 Discord 服务器里，我们都可以直接与机器人进行交流。只需要在底部的输入框中输入 Midjourney 的指令即可。

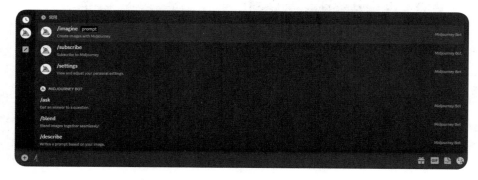

3.2.1 常用命令介绍

◆ [/imagine prompt]：这是基本的图像生成命令。在 prompt 中，可以输入我们想象的场景描述，然后机器人将为我们生成相应的图像。

◆ [/settings]：这个命令可以帮助我们打开偏好设置，让我们预设一些常用的命令。

◆ [/blend]：这个命令可以让我们将多个图像轻松地混合在一起。

◆ [/show]：输入 [/show] 和图库中所生成图像的作业 ID，可以再次调出和查看所生成的图像。

◆ [/fast]：切换到快速模式，在此模式下，生成的图像会按增量计费，并且生成速度更快。需要注意的是，这是一个只有订阅会员才能使用的模式。

◆ [/relax]：切换到放松模式，在此模式下，我们可以无限制地生成图像，但生成速度会比较慢。30 美元 / 月标准计划及以上级别订阅会员和企业会员可以无限使用这个模式。

◆ [/prefer suffix]：如果我们在生成图像时遇到一些错误提示，可以使用这个命令重置偏好设置。

◆ [/remix]：切换到混音模式，让我们在重新生成或者变换图片时可以修改描述语。

◆ [/stealth]：专业计划（60 美元 / 月）用户可以使用此命令切换到隐身模式。

◆ [/public]：在公共模式下，生成的图像在画廊中对任何人都是可见的。

◆ [/subscribe]：此命令会生成一个指向当前 Discord 账户会员订阅页面的链接，无须登录会员账户即可使用。

◆ [/info]：显示个人资料、图像生成数量、会员订阅状态和使用情况，以及当前正在运行的作业信息。

◆ [/prefer option]：创建或管理自定义选项。

◆ [/prefer option list]：查看当前自定义选项。

3.2.2 不常用命令介绍

◆ [/ask]：获取问题的答案。

◆ [/daily_theme]：切换每日主题频道更新的通知。

◆ [/describe]：根据上传的图像编 4 个示例提示。

◆ [/help]：显示有关 Midjourney 机器人的基本信息和提示。

3.2.3　已弃用命令介绍

◆ [/private]：已被 [/stealth] 替代。

◆ [/pixels]：已弃用。

◆ [/idea]：已弃用。

3.3　Midjourney 绘画参数说明

Midjourney 的绘画参数就如同官方预设的专业快捷命令，包含了一些特殊字符，旨在确保模型输出结果的一致性，同时增强了命令的精准性和使用效率。

在处理图片类别时，我们往往会遇到一个问题：即使我们清晰地表达了自己的需求，如"图片的长宽比为 1 ：1"，不同的平台和工具可能有不同的理解和实现方式，这无疑会给用户带来困扰。因此，Midjourney 进行了创新设计，制作了一套可快速调用的参数。例如，要调整长宽比，你只需要输入"--ar 1 ：1"就可以了。通过这种统一且简洁的表达方式，所有用户都将使用同一种方式来调整长宽比。这样一来，Midjourney 只需要微调模型，就能保证输出图片的一致性。

这些参数的稳定性和必要性，保证了用户能以最高效率创作出杰出的作品。它们就如同一座桥梁，连接了用户的需求和 Midjourney 的强大功能。

3.3.1　常用参数列表

[Aspect Ratios]

--aspect 或 --ar，即更改生成物的长宽比。

[Chaos]

--chaos<0 ～ 100 的数字 >，即改变结果的多样性。较高的值会产生不寻常和意想不到的生成物。

[Image Weight]

--iw<0 ～ 2>，即设置图像提示的权重相对于文本的权重。默认值为 1。

[No]

--no，即否定提示。例如，--no plants，表示从图像中移除植物。

[Quality]

--quality<.25/.5/1>, 或 --q<.25/.5/1>，表示你想要花费多少时间进行渲染质量。默认值为 1。较高的值会使用更多的 GPU 分钟数，较低的值则使用 GPU 的分钟数更少。

[Replity]

--repeat<1 ～ 40>, 或 --r<1 ～ 40>，即从单个提示创建多个任务。--repeat 对于快速重新运行任务非常有用。

[Seed]

--seed<0 ～ 4294967295 之间的整数 >，表示 Midjourney 机器人使用一个种子数字来创建一个视觉噪声场，就像电视静态，作为创建图像网格的初始阶段。每个图像随机生成种子数字，但可以用 --seed 或者 --sameseed 参数指定。使用相同的种子数字和提示将产生相似的结果图像。

[Stop]

--stop<10 ～ 100 之间的整数 >，表示使用 --stop 参数在过程的中途结束一个任务。在图像生成进度较早的百分比停止，可以创建形成模糊度更高、细节较少的图像效果。

[Style]

--style<raw>，即在 Midjourney 模型版本 5.1 和 5.2 之间切换。

--style<4a,4b, 或 4c>，即在 Midjourney 模型版本 4 的不同版本之间切换。

--style<cute,expressive,original, 或 scenic>，即在 Niji 模型版本 5 的不同版本之间切换。

[Stylize]

--stylize< 数字 >, 或 --s< 数字 >，这个参数表明了 Midjourney 的默认审美风格在任务中的应用程度有多强烈。

[Tile]

--tile 参数的生成可以用作重复纹理，以创建无缝模式的图像。

以上是我们进行 Midjourney 绘画生成图像经常用到的参数，参数总是添加到提示语句的末尾，每个提示语句后面可以添加多个参数。每个参数在不同的人工智能绘画模型中效果会略有不同。最近常用参数与绘图模型版本的兼容性如表 3-3-1 所示。

表 3-3-1　Midjourney 常用参数与绘图模型版本兼容性参照情况

参　　数	是否影响初始生成	是否影响变体和混合	版本 5、5.1 和 5.2	版本 4	Niji 5
最大长宽比（Max Aspect Ratio）	√	√	任意	1：2 或 2：1	任意
混乱度（Chaos）	√		√	√	√
图像权重（Image Weight）	√		0.5 ～ 2，默认 =1	0.5 ～ 2，默认 =1	
否定（No）	√	√	√	√	√
质量（Quality）	√		0.25/0.5/1	0.25/0.5/1	0.25/0.5/1
重复（Repeat）	√		√	√	
种子（Seed）	√		√	√	
停止（Stop）	√	√	√	√	√
风格（Style）			raw（5.1and5.2only）	4a,and4b	cute,expressive, original,and scenic
风格化（Stylize）	√		0 ～ 1000，默认 =100	0 ～ 1000，默认 =100	0 ～ 1000，默认 =100
纹理（Tile）	√	√	√		√
视频（Video）	√		√		√

通过表 3-3-1，我们对 Midjourney 绘画参数有了一个整体性的了解，接下来将重点介绍实际操作中经常使用到的参数。

3.3.2　Aspect Ratios

1. 纵横比（Aspect Ratios）介绍

纵横比（Aspect Ratios）是一个描述图像宽度和高度之间关系的参数，通常由两个用冒号[①] 分隔的数字表示。例如，1：1 的纵横比代表了图像的宽度和高度相等，无论具体的像素数值是 1000×1000 还是 1500×1500，其纵横比都是 1：1。再如，计算机屏幕常见的比例是 16：10，这就意味着宽度是高度的 1.6 倍。

---

① 　在 Midjourney 的官方命令说明里，此处用的是 "colon"，"colon" 是冒号的意思。

在 Midjourney 中，默认的纵横比为 1∶1，表示生成的图像是方形的。纵横比参数 --aspect 或者 --ar 允许改变生成图像的形状和构成。

2. 最大纵横比

不同的 Midjourney 版本模型有不同的最大纵横比限制。

◆ 版本 V5、V5.1、V5.2：任意比率。

◆ 版本 V4：从 1∶2 到 2∶1。

◆ Niji 5：任意比例。

需要注意的是，大于 2∶1 的纵横比是实验性的，可能产生不可预测的结果。

3. 如何设置纵横比

要设置纵横比，只需要在提示语句的末尾添加 --aspect<value>:<value> 或者 --ar<value>:<value> 即可。例如，要生成纵横比为 5∶4 的图像，可以使用命令 imagine vibrant california poppies --ar 5∶4。

4. 常见的纵横比

以下是一些常见的纵横比。

◆ --aspect 1∶1。默认纵横比，生成方形图像。

◆ --aspect 5∶4。常用于框架和打印比例。

◆ --aspect 3∶2。常见于印刷、摄影。

◆ --aspect 7∶4。接近于高清电视屏幕和智能手机屏幕的纵横比。

5. 更改图像的纵横比

如果你对生成的图像满意，但希望其更高或更宽，那么可以使用 Midjourney 的放大（Zoom Out）功能来更改图像的纵横比，这是 V5.2 版本模型最近更新的功能。Midjourney 将根据你的提示和原始图像添加附加内容来填充新空间。

3.3.3 Chaos

1. Chaos 介绍

混乱度（Chaos）参数是 Midjourney 中的重要参数，主要影响生成图像的多样性和创新性。在 Midjourney 中，混乱度参数可以通过 --chaos 或者 --c 进行设置。混乱度参数的默认值为 0，接受的取值范围是 0 ～ 100。不同的混乱度参数所产生的影响不同。

无混乱度。如果没有设置混乱度参数，或者混乱度设置得非常低，那么每次运行作业时生成的初始图像网格会比较相似，结果更加稳定和可预测。以下是 --c 0 时连续 3 次生成猫头鹰的图像。

低混乱度。--chaos 参数值较低时，每次运行作业时生成的初始图像网格会有些许不同，但不会太离谱。以下是 --c10 时连续 3 次生成的猫头鹰图像。

中混乱度。--chaos 参数值设置为中等值时，生成的初始图像网格在每次运行时会有较大的变化，但仍在可接受的范围内。以下是 --c25 时连续 3 次生成的猫头鹰图像。

高混乱度。--chaos 参数值设置较高时，每次运行作业时生成的初始图像网格会有很大的变化，结果会比较多样化和意想不到。以下是 --c50 时连续 3 次生成的猫头鹰图像。

极高混乱度。--chaos 参数值设置特别高时，每次运行作业时生成的初始图像网格会有巨大的变化，每一次的结果都可能让人感到惊讶。以下是 --c80 连续 3 次生成的猫头鹰图像。

你可以根据需要和喜好来调整混乱度参数，为你的创作带来无尽的可能性。

2. Chaos 设置

要设置混乱度（Chaos），只需要将 --chaos<value> 或 --c<value> 添加到提示语句的末尾。

3.3.4 No

在 Midjourney 中，--no 参数是一个十分实用的功能，它能让你在图像生成过程中排除掉一些你不想要的元素。具体操作是，在 --no 后面添加你不希望出现在图像中的元素，多个元素之间用逗号分隔，如 --no item1,item2,item3。这对于实现你的精准创作十分重要。

比如我们编写如下提示词来创建一幅宠物图像。

Prompt: several pets --v5.2

当我们不想在图像中出现宠物狗、宠物猫的时候，就可以使用 --no 参数将其去掉，提示词如下所示。

Prompt: several pets --no dog cat --v 5.2

3.3.5　Quality

　　质量（Quality）参数是影响图像生成所需时间以及图像细节程度的重要参数。在 Midjourney 中，Quality 参数可以通过 --quality 或者 --q 进行设置。质量参数的默认值为 1，接受的取值有 0.25/0.5/1。质量参数并不影响图像的分辨率，而是影响图像的细节程度。较高的质量设置会使图像具有更多的细节，同时也需要更长的处理时间。我们还以小狗图像为例来说明不同的 Q 值对图像质量的影响。

Prompt: a dog --q 0.25　　*Prompt: a dog --q 1*　　*Prompt: a dog --q 0.5*

最快生成图像，细节颗粒度最低。　　　　默认设置　　　　　细节颗粒度一般。
速度提高 4 倍，GPU 分钟数缩短 1/4　　　　　　　　　速度提高 2 倍，GPU 分钟数缩短 1/2

3.3.6　Seed

　　种子（Seed）参数主要用于生成初始图像网格，它能够影响生成图像的样式。在 Midjourney 中，Seed 参数可以通过 --seed 进行设置。Seed 的默认值是随机的，取值范围是 0 ～ 4294967295 之间的整数。

如果你使用相同的 Seed 值和提示语句，生成的图像会有相似的风格。也就是说，Seed 值能够帮助你在不同的作业中获得相似的效果，这对于保持作品风格的统一性非常有帮助。

需要注意的是，即使是相同的 Seed 值，每一次生成的图像也会有一些微小的差别，所以 Seed 值并不能保证每次生成的图像完全相同。

我们来编写一个用于创作儿童肖像图像的 Midjourney 提示。

Prompt: Candid portrait of a small Chinese child

根据第 2 章第 6 节中介绍的方法，我们知道这张儿童肖像图像的 Seed 值为 1740909650。接着我们使用相同的 Seed 值，尝试对这个小孩的表情添加一个微笑，或者更换街道背景，再次分别生成图像。

Prompt: Candid portrait of a small Chinese kid with a smiling expression --seed 1740909650

Prompt: Candid portrait of a small Chinese child with the street in the background --seed 1740909650

　　我们看到，这几张图像在细节上有所不同，但是在图像风格上表现了极强的一致性。Seed 参数为创建风格一致的图像作品提供了很大的帮助。

3.3.7 Stop

停止（Stop）参数主要用于控制生成图像的完成程度，可以通过 --stop 进行设置。Stop 参数的默认值为 100，接受的取值范围是 10 ～ 100。通过调整 Stop 参数，可以控制生成图像的完成程度。例如，如果提前结束图像生成的过程，生成的图像可能模糊、不太详细。Stop 参数可以帮助你创作出不同风格的作品。

比如我们要创建梦幻场景的效果时，常常可以用到 Stop 参数。下面这幅作品就是使用 Stop 参数创建的梦幻城市景观。

Prompt: dreamy cityscape --stop 80 --ar 2:1 --v 5.2650

3.3.8 Stylize

在 --stylize 或 --s 参数后接一个数值，可以用于调整 Midjourney 默认美学风格在作业中的应用程度。stylize 的默认值为 100，接受 0 ～ 1000 之间的整数值。

Prompt: Aquatic life photography, A school of fish swimming around coral --ar 16:9 --v 5 --q 2

Prompt: Aquatic life photography, A school of fish swimming around coral --ar 16:9 --v 5 --q 2 --s 1000

可以看到，第一张图片展示了 Midjourney 默认风格被微妙地运用在图像上，第二张图片则是对这种艺术风格更强烈、更鲜明的表达。

3.3.9　Style

风格（Style）参数适用于微调一些 Midjourney 模型版本的美感。添加 Style 参数可以帮助我们创建更逼真的照片、电影场景或更可爱的角色。

默认的模型版本 5.2 和之前的模型版本 5.1 接受"--style raw"。

当前默认的模型版本 5.2 以及之前的模型版本 5.1 都有一种风格——"--style raw"。这个参数可以减少 Midjourney 默认美学的影响，对于想对图像有更多控制或者想要更多照片效果的高级用户来说非常适用。

我们可以创作两张微距镜头下的蝴蝶图像来对比一下有无"--style raw"参数的效果。

Prompt: Capture the details of a butterfly's wings with a macro lens, emphasizing the iridescent colors and intricate patterns against a soft-focus natural background.

Prompt: Capture the details of a butterfly's wings with a macro lens, emphasizing the iridescent colors and intricate patterns against a soft-focus natural background. --style raw

3.3.10　Niji

Niji 模型版本 5 也可以通过"--style"参数进行微调，以达到独特的效果。可以通过 --style cute、--style scenic、--style original 或 --style expressive 进行设置。

◆ --style cute，可以创造出富有魅力且可爱的角色、物品和场景。

◆ --style expressive，有更复杂的插图画面。

◆ --style original，使用的是原始的 Niji 模型版本 5，这是 2023 年 5 月 26 日之前的默认设置。

◆ --style scenic，可以创造出奇幻的场景和具有电影效果的角色。

下面我们将使用不同的 Niji 参数来看一下 Niji 模型的效果。

Prompt: EVA 01, asuka langley soryu looking into distance, eva, 1980 1990 anime retro nostalgia, --ar 16:9 --s 90 --style cute --niji 5

Prompt: misato katsuragi , retro style, standing next car, city to masterpiece, ultimate details, --ar 3:2 --s 90 --style expressive --niji 5

Prompt: book binding, old booker binder shop crowded with books, a beautiful day outside by Otake Chikuha, breathtaking illustrated, simple, featured on pixiv, muted colors with minimalism, irina nordsol kuzmina, a hazy memory, --ar 16:9 --style original --niji 5

Prompt: isometric, overhead view of a fruit, dawn light, 1980 1990 anime retro nostalgia, bluest water, masterpiece, ultimate details, --ar 16:9 --s 90 --style scenic --niji 5

3.3.11　Repeat

--repeat 或 --r 参数允许多次运行同一工作。

例如，在提示语之后添加"--repeat"和一个数字，系统将会有以下提示，询问您是否确认。

确认后，系统将运行该工作两次，并创建 4 张（2×2 网格排列）狗的图像。

3.3.12　Weird

使用实验性的 weird 参数，可探索非传统的美学。我们可以用这个参数生成奇特或者离奇的图像作品。

weird 参数值的范围是 0 ～ 3000。

默认的 weird 值是 0。

[--weird] 是一个高度实验性的功能。对奇特的定义可能随着时间的推移而改变。

[--weird] 与 Midjourney 模型版本 5/5.1/5.2 兼容。

[--weird] 并不完全兼容 seed 参数。

最佳的 [--weird] 值取决于提示词，并需要实验。尝试从较小的值开始，如 250 或 500，然后从那里上升或下降。如果你希望生成的图像既传统又奇特，可尝试将较高的 [--stylize] 值与 [--weird] 混合。试着让两者的值相近，如下图示例。

Prompt: cyanotype cat --weird 250

"chaos" "stylize" 和 "weird" 参数区别如下：

[--chaos] 控制初始网格图像之间的多样性。

[--stylize] 控制 Midjourney 默认美学应用的强度。

[--weird] 控制图像与先前 Midjourney 图像相比的独特程度。

3.3.13 Video

使用 video 参数可以将图像生成过程创建成视频短片。完成作业后，使用信封📧 表情符号进行反应，Midjourney 机器人就会将视频链接发送到你的"直接消息"中。这个功能只适用于图像网格，不适用于提升图像。如下示例。

Prompt:Intentional Camera Movement: Experiment with intentional camera movement while photographing rough sea ,creating abstract, painterly effects. --v 5.2 --s 1000 --q 2 --ar 16:9 –video

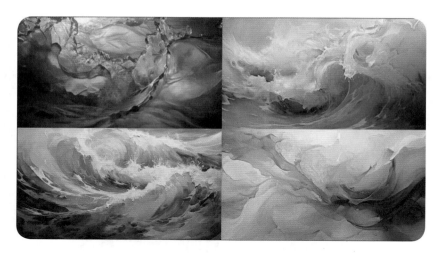

只需要在提示词的末尾添加 [--video] 参数，等待作业完成后，执行以下操作：

◆ 点击"添加反应"，选择☒信封表情符号。

◆ Midjourney 机器人会将视频链接发送到你的"直接消息"中。

◆ 点击链接，在浏览器中查看视频。

◆ 右键点击或长按以下载视频。

3.4 Midjourney 高级提示介绍

3.4.1 图像提示（Image Prompts）

图像提示（Image Prompts）是利用图片启发作品的构图、风格和色彩的创新。图片可以单独使用，也可以与文本提示结合使用。图像提示必须有两张图片，或者一张图片和额外的文本才能生效。

图像提示的使用方法：要将图片添加到生成提示中，需要输入在线图片的网址，该网址必须以 .png、.gif 或 .jpg 等扩展名结尾。添加了图片网址后，添加任意额外的文本和参数以完成生成提示。

以下为案例演示。

图像提示：*http://* 图像 *1URL http://* 图像 *2URL* 描述短语 -- 参数 1 -- 参数 2

Prompt: http://image1URL http://image2URL description phrase --parameter 1 --parameter 2

示例 1：仅含两张图片的提示，无文本。

打开 Discord，进入可以上传图片的"直接消息"，然后选择"Midjourney Bot"。

使用"直接消息"可以防止其他服务器用户看到图片。

点击消息框旁边的"+"图标，选择"上传文件"。

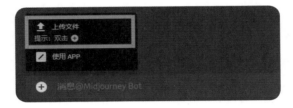

对于这个例子，我们上传以下两张图片作为源图片。

图片上传完毕后，右击图片并选择"复制链接"，以复制图片的 URL。然后按以下格式，生成图像提示。

Prompt:http://image1URL http://image2URL --version 5.2

复制图像链接地址，代入以上格式，执行图像提示。

Prompt:https://cdn.discordapp.com/attachmenzs/1094998161946324992/1124890653831209020/03-45.jpg https://cdn.discordapp.com/attachments/1094998161946324992/1124890654179348571/03-46.jpg

可以看到，Midjourney 会自动把图片的长链接调整为短链接，在未设置绘画模型版本的时候，默认的是当前最新版本。

Prompt : https://s.mj.run/_huJJ5y7l6k https://s.mj.run/kVe-khv9-AY --v 5.2 --style raw

最终我们选择自己满意的一张图片，得到最终的作品。需要注意的是，本书

教学演示所用的图片链接为演示电脑 Discord 中生成的图片链接，不可以直接复制使用。在用两张图片生成图像提示的时候，需要按照本书所讲的提示格式，使用自己上传的图像链接地址。

示例 2：含图片加文本短语的提示。

还以 Discord 里的蝴蝶图像作示例，以此图片为参考，并给它加上一个文本描述"在星夜中"。为了使最后的作品更具有艺术性，可以使用凡·高的名画《星夜》作为文本描述，这样会得到以下图像提示。

Prompt:https://s.mj.run/_huJJ5y7l6k , Starry Night' by Vincent van Gogh in the background --v 5.2 --style raw

当使用图片加文本的图片提示时，可以使用图片权重参数 [--iw] 来调整图像

参考和文本提示的权重。当未指定 [--iw] 时，将使用默认值，[--iw] 支持的数值在 0-2 之间。[--iw] 的值较高，意味着图片生成提示对作品的影响更大。比如上面这幅作品，如果觉得蝴蝶的比例太大了，可以设置一个较小值的 [--iw] 权重。可以尝试使用以下图像生成提示，通过更改 [--iw] 得到自己想要的作品效果。

Prompt:https://s.mj.run/_huJJ5y7l6k，Starry Night' by Vincent van Gogh in the background --iw 0.5--v 5.2 --style raw

使用图像权重的时候，需要注意不同的 Midjourney 版本模型具有不同的图片权重范围。表 3-4-1 是 Midjourney 几个版本模型对 [--iw] 兼容性的汇总。

表 3-4-1　Midjourney 版本模型图像权重参照表

图 像 权 重	V5、V5.1、V5.2	V4	Niji
图像权重默认值	1	不适用	1
图像权重范围	0 ～ 2	不适用	0 ～ 2

3.4.2　描述（Describe）

Midjourney 的创新功能"describe"为图像创建提示提供了新的途径。通过使用此功能，可以将视觉表现形式转化为基于文本的提示，可以使用它来生成引人入胜的输出。

以下为举例说明如何使用此功能。

首先，在聊天框中输入 [/describe] 命令。

接下来，上传你选择的图像。这里我们选择上传上一小节中蝴蝶和凡·高的《星空》结合产生的图像作品，理想情况下可从本地电脑中直接输入。

成功上传图像后，Midjourney 将解释它并生成多个基于文本的提示选项。你可以选择最符合自己期望结果的文本提示，得到最终的绘画作品。

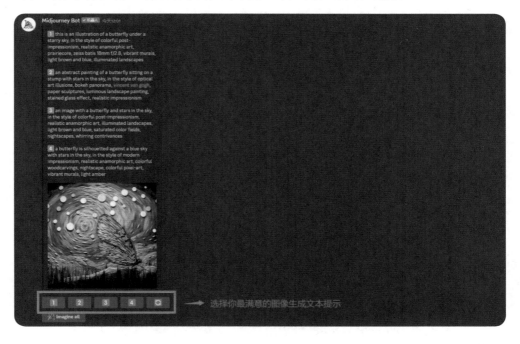

　　一旦你选择了这个提示并启动这个程序，Midjourney 将生成一个解释提示的图像，并提供一个独特的图像，反映了最初的设计灵感。"describe"命令是一种革命性的功能，它融合了视觉和文本的创造力，为独特和引人入胜的创作铺平了道路。

3.4.3　混合（Blend）

　　Blend Prompts 即图像混合提示，这个功能能够结合多个图片生成一个全新的图像，融合不同的概念和美学，从而激发新的创意。混合功能类似于使用多个图片提示的 [/imagine prompt] 命令，但不使用文本提示。

　　混合提示功能最多可以处理 5 张图片。如果你希望使用超过 5 张图片或者同时结合文本和图片提示，可以使用 [/imagine prompt] 命令。我们还是用本章第 1 小节中的蝴蝶和水中的花为源图片进行示例展示。

　　输入 [/blend] 命令。从本地电脑上传蝴蝶和水中花图片作为源图片进行混合。

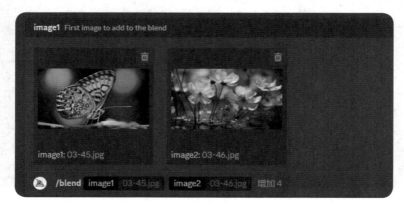

敲击"回车"键后，Midjourney 开始混合作业，结果如下。

3.4.4 缩小（Zoom Out）

缩小（Zoom Out）功能让我们在不改变图像内容的情况下，将放大的图像画布扩展到原来的边界之外，然后根据提示和原始图像对新扩展的画布进行内容填充。请注意，"Zoom Out"功能并不会增加图像的最大尺寸，即 1024×1024。

缩小的选项有"Zoom Out 2X"和"Zoom Out 1.5X"，放大图像后，这两个按钮就会出现，这个功能特别适合绘画气象宏大的叙事场景。关于这些按钮的具体功能，我们已在 2.5.2 小节有过介绍，现在以如何绘制一幅宏大的千里江山图来说明"Zoom Out"的用法。输入千里江山图的描述提示词，得到如下图像。

Prompt:Create an image depicting a thousand miles of rivers and mountains', a classic theme from traditional Chinese landscape painting. Show winding rivers, towering mountain peaks, distant horizons, and misty valleys to portray the majestic scale and serenity. Scatter small figures such as fishermen on boats or scholars in pavilions to express the harmony between humans and nature. Use a broad spectrum of green and blue shades to evoke the feeling of depth and vastness. Try to capture the aesthetics of Chinese traditional ink painting with modern digital techniques --v 5.2

当我们对这张图像作品执行"Zoom Out 2X"命令,便会得到 4 张画布扩大 2 倍、内容已经被自动填充的图像。

继续执行"Zoom Out 2X"命令。为了让场景看起来有宏大的感觉,我们给图像增加一个"--ar 3:1"(长宽比为 3:1)的比例参数,得到如下指令和图像效果。

Prompt:Create an image depicting a thousand miles of rivers and mountains', a classic theme from traditional Chinese landscape painting. Show winding rivers, towering mountain peaks, distant horizons, and misty valleys to portray the majestic scale and serenity. Scatter small figures such as fishermen on boats or scholars in pavilions to express the harmony between humans and nature. Use a broad spectrum of green and blue shades to evoke the feeling of depth and vastness. Try to capture the aesthetics of Chinese traditional ink painting with modern digital techniques --ar 3:1 --zoom 2 --v 5.2

这张图像是不是让你感到眼前一亮？通过使用"Zoom Out"这个命令，我们可以在创作过程中引入无数经典的艺术元素。例如，《清明上河图》《洛神赋图》《富春山居图》《百骏图》等卷轴式长幅画作的独特魅力就能被我们借鉴并临摹到作品中。

完成这一小节的学习后，我相信你一定跃跃欲试，想要立即投入到 Midjourney 的创作实践中，赶紧用这一节学到的知识去丰富和升华你的艺术世界吧。

3.4.5　自定义缩放（Custom Zoom）

使用自定义缩放（Custom Zoom），可以同一角色或主题为基础，创造出丰富多样的动作和场景。无论是换个角度，还是切换背景，都可以让我们的创作瞬间生动活泼起来。

3.4.6　重混（Remix）

重混（Remix），允许修改生成的图像以创建新的变化，提供灵活的调整设置、光照和构图。重混也可用于丰富主题或生成具有挑战性的构图。以下是重混提示的使用指南。

通过"/prefer remix"命令打开或关闭重混模式。输入"/prefer remix"命令后，敲击"回车"键，可以看到消息，表示重混模式已经打开。只需再次输入"/prefer remix"即可关闭该模式。

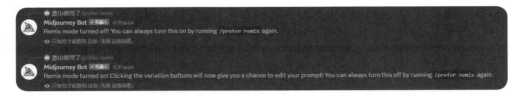

也可以使用"/settings"命令切换重混提式。

我们通过生成浮世绘风格的蝴蝶图像来演示重混提示的使用。

Prompt : Ukiyo-e style Butterfly --V 5.2

在重混模式被激活的情况下，选择点击"V"命令调试图像的时候，比如点击"V3"，将弹出以下左侧的消息框。

要创建不同主题的重混提示，可以输入新主题，比如把蝴蝶变成狗。更改弹出框里的提示词，如下方右图所示。

这样最后的结果并非先前的蝴蝶图像，而是一幅浮世绘风格的狗的画作。

3.4.7　多重提示（Multiple Prompts）

利用多重提示语可以极大提升我们的创作能力，使我们专注于探索不同的思路和概念。通过多重提示语，我们可以将复杂的想法分解成独立的部分，并给予每个部分应有的关注。

1.多重提示语的结构

通过使用双冒号 [::] 将提示语分成不同的部分，我们可以将每一部分视为独立的提示语。例如，输入 [/imagine prompt: fruit :: vegetable] 命令，会被认为是两个独立的提示语"fruit"和"vegetable"。Midjourney 将基于这两个提示语生成图像。

如果输入 [/imagine prompt: fruit vegetable] 命令，会被认为是一个整体的提示语，即"fruit vegetable"。将基于这个单一的提示语生成图像，而不考虑任何部分的分离或组合。

Prompt: Fruit :: Vegetable   *Prompt: Fruit Vegetable*

2. 提示语的权重

如果想要突出图像上某一部分的重要性，可以在双冒号"::"后面添加一个数字来为提示语添加文本权重。例如，在图像生成提示词 [/imagine prompt: fruit :: vegetable] 中，可以在 [/imagine prompt:] 命令中输入 *[fruit :: 5]*，表示生成的图像中水果的重要性是蔬菜的 5 倍。还可以通过强调提示语中某些元素的权重，来对输出结果进行微调。示例如下。

Prompt: Fruit :: 5 Vegetable

在 Midjourney 中，我们可以为权重分配任何数字，以保持元素的比例。例如，"fruit:: vegetable"等同于"fruit ::1 vegetable ::1""fruit::vegetable::1""fruit::2 vegetable::2""fruit::100 vegetable::100"等。同样，"fruit::vegetable::people::2"等同于"fruit::1 vegetable::1 people::2""fruit::2 vegetable::2 people::4"等。改变

一个元素的权重将按比例影响其他元素的权重，以确保在撰写的提示词中，一个多重提示语中所有权重的总和始终保持恒定且等于 1。

3. 提示语中的负权重

如果想从提示词中去除不需要的元素，可以使用负权重。需要注意的是，所有权重的总和必须是正数，以确保权重的正确设置。例如，在上一个例子中如果我们想要尽量去除蔬菜，保留水果，可以将水果的权重设为 2，将蔬菜的权重设为 −1，这样得到如下提示词。

Prompt: Fruit :: 2 Vegetable :: -1

另一种去除不想要的元素的方式是使用 --no 参数，--no 参数的使用方法请见 4.3.4 小节。负权重和 --no 参数是微调提示语并通过去除不需要的元素来实现期望的输出结果的有效工具。我们只需要记住保持所有权重之和为正数，以确保正确的权重分配。

3.4.8　并列提示（Permutation Prompts）

并列提示（Permutation Prompts）功能允许我们通过单一命令快速生成提示语的变体。这个功能非常强大，可以用来创建带有不同选项组合的多个提示语版本。

下面我们将学习在 Midjourney 中如何使用排列提示语。

1. 提示词文本的变体

通过在提示词中包含用大括号 {} 括起来并用逗号分隔的选项列表，可以创建带有不同选项组合的多个提示语版本。

例如，在提示词中 [a {steampunk, minimalist, surreal} {dog, cat}] 将创建并处理 6 个带有不同提示语文本变体的任务。

◆ 一只蒸汽朋克风格的狗；

◆ 一只极简主义风格的狗；

◆ 一只超现实风格的狗；

◆ 一只蒸汽朋克风格的猫；

◆ 一只极简主义风格的猫；

◆ 一只超现实风格的猫。

Prompt: a {steampunk, minimalist, surreal} {dog, cat}

在执行这条图像生成提示词前，Midjourney Bot 会和我们确认是否要执行该命令，当我们点击"Yes"确认执行的时候，会同时开始执行 6 个文体变体的图像生成指令。

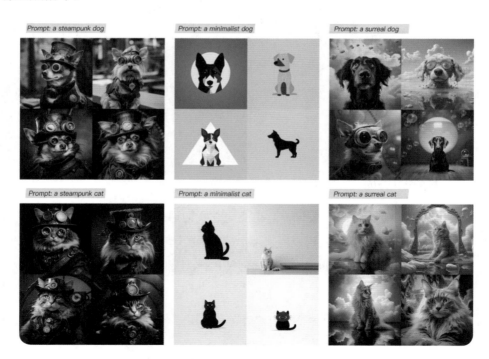

2. 提示词参数的变体

也可以使用并列提示语创建带有不同参数选项的提示词变体。

例如，还用上图中的提示词"dog, cat"来创建并处理 4 个带有不同纵横比的提示词。

Prompt: dog, cat，--ar {3:2, 1:1, 2:3, 1:2}

3. 多重排列

我们还可以在单一提示词中使用多重排列，还是以前面的狗为例。

例如，多重并列提示词"an {orange, yellow, brown} dog {in the snow, in the forest}"将创建并处理 6 个带有不同颜色和环境组合的任务。

◆ *Prompt: an orange dog in the snow*

◆ *Prompt: an orange dog in the forest*

◆ *Prompt: a yellow dog in the snow*

◆ *Prompt: a yellow dog in the forest*

◆ *Prompt: a brown dog in the snow*

◆ *Prompt: a brown dog in the forest*

结合提示词参数变体，给这个多重并列提示词增加 2 个参数的变体"an {orange, yellow, brown} dog {in the snow, in the forest} --ar{3:2, 1:1, 2:3, 1:2}"。

这样我们点击"Yes"时将得到 24 条图像生成提示词。

4. 嵌套排列

我们甚至可以在并列内部嵌套并列，以创建更多的变体。比如，当我们需要分别创建一只狗趴在窗户上、坐在桌子上的图像和插画效果时，可以写下如下嵌套并列提示词。

Prompt: A {photograph, drawing} of a {dog {in a window, on a desk}}

当我们选择执行这条图像生成提示词，我们会得到以下 4 种结果。

Prompt: A photograph of a dog in a window

Prompt: A photograph of a dog on a desk

Prompt: A drawing of a dog in a window

Prompt: A drawing of a dog on a desk

　　并列提示是 Midjourney V5 中的一种强大功能，可通过单一命令快速生成提示语的变体。通过在提示词中包含大括号内的选项列表，可以创建带有不同选项组合的多个提示语版本。这个功能让我们在使用 Midjourney 时节省了大量的时间并提高了创造力。

3.5 编写 Midjourney 提示词

通过前面章节的学习，相信大家已经或多或少地接触到了如何编写 Midjourney 的图像生成提示词。在这一小节，我们将正式学习如何编写 Midjourney 的图像生成提示词。

所谓提示词，其实就是用来指导 Midjourney Bot 生成图像的短文本或关键词。提示词的具体性和描述性越强，Midjourney Bot 就越能理解你的意图，从而生成符合你期望的图像。精心构建的提示词可以引导 Midjourney Bot 为我们创作出独一无二且充满创意的图像。

因此，掌握编写有效的提示词可谓至关重要。接下来我们将深入探讨如何精确地使用提示词来指导 Midjourney Bot 生成图像，让 Midjourney Bot 将你的想象变为现实。

3.5.1 Midjourney 图像生成提示词的基本结构

基础的 Midjourney 图像生成提示词可以是一个英文单词、一张图片或者一个描述性质的英文短句。高级的 Midjourney 图像生成提示词则由以下三部分组成。

◆ 图片（可选）。Midjourney 支持输入一至两张图片，生成包含这些元素的新图像。输入时需要提供图片的 URL 地址，它必须是公开可访问的。支持的图片格式包括 png、gif 和 jpg。图片可以用于各种目的，如将两张图片混合生成新的图像。

◆ 文字描述。也就是通过文字描述让 Midjourney Bot 生成什么样的图像。需要注意的是，Midjourney Bot 无法像 ChatGPT 那样理解句子的结构和语法，因此需要给出具体的指令，才能得到满意的结果。

◆ 参数。Midjourney 提供了 20 多个参数，允许对生成的图像进行微调。每个参数的作用会在后面的章节中有详细的介绍。

3.5.2　Midjourney 图像生成提示词的优化策略

提示词可以很直接。即使是单词也可以生成图像。短的提示语句生成的图像主要依赖 Midjourney 的内在风格，因此更详细的提示词将产生更有特色的图像。然而，过长的提示语句并不一定更好，聚焦于你希望传达的关键内容是不错的选择。

关键词的选择至关重要，使用具体含义的词是有益的。例如，不要用"大"，建议用"巨大的""庞大的"或"浩大的"。尽可能删除词语，因为更少的词语有更强的影响力。使用逗号、括号和破折号来组织你想要表达的内容，但要知道 Midjourney Bot 可能无法解读它们。此外，Midjourney Bot 不会考虑大写字母。优化 Midjourney 图像生成提示词需要理解以下几个关键概念。

◆ 语法。Midjourney Bot 对语法的理解有限，因此应避免使用复杂的句子结构。建议使用"形容词 + 名词"的词序替换介词短语，或使用具体的动词替换介词短语。

◆ 词汇。Midjourney Bot 可能对同义词的理解不准确，因此建议使用具体的词汇。例如，使用"gigantic"代替"big"，使用"two cats"代替"cats"。

◆ 聚焦。建议明确指出你想要的内容，而不是告诉 Midjourney Bot 不要什么。如果你希望 Midjourney Bot 不生成某样东西，可以使用 --no 参数。

◆ 随机性。Midjourney 有时会随机填充一些内容。要减少这种随机性，可以使用图像生成提示词框架。

3.5.3　Midjourney 提示词的结构框架

在使用 Midjourney 图像生成工具时，不同用户的目的和需求可能有所不同。比如，一些普通用户可能只是希望绘制一只卡通小狗这样简单的图像，而专业人士如摄影师或设计师，他们可能希望使用 Midjourney 来解决工作中的实际问题，生成构图、色彩和光影效果都达到专业级别的图像。

因此，我们可以设计两种不同类型的 Midjourney 图像生成提示词框架，以满足不同的需求：一种是为简单需求设计的简易框架，如表 3-5-1 所示，适合普通用户使用；另一种则是为复杂需求设计的高级框架，如表 3-5-2 所示，更适合专业人士使用。

1. 简单需求框架

Midjourney 图像生成提示词简易框架如表 3-5-1 所示。

表 3-5-1　图像生成提示词简易框架参照表

模　块	描　述	示　例
主体（Subject）	描述你想要生成的主体，如小狗、山等	小狗、山
类型（Type）	描述你期望的图像类型，如矢量图、摄影等	矢量图、摄影
风格（Style）	此为可选项，可以描述你期望的艺术风格，如卡通、真实等	卡通、真实
参数（Parameters）	此为可选项，可以输入对图像生成过程的微调参数，如"Zoom Out""Make Square""Shorten command""Stylize"等	"--ar 16:9""--v 5.2"

示例：

Prompt: a dog --v 5

2. 复杂需求框架

Midjourney 图像生成提示词高级框架如表 3-5-2 所示。

表 3-5-2　图像生成提示词高级框架参照表

模　块	描　述	示　例
主体（Subject）	描述你想要生成的主体，如小狗、山等	小狗、山
类型（Type）	描述你期望的图像类型，如矢量图、摄影等	矢量图、摄影
环境（Environment）	描述主体所处的环境，如在森林里、在城市中等	在森林里、在城市中
风格 / 媒介（Style/Medium）	描述图像的艺术风格或制作媒介，如油画、素描等	油画、素描

续表

模　块	描　述	示　例
背景详细描述 （Detailed Description）	对主体或背景进行详细描述，如一个穿着红色衣服的女孩、一座生机盎然的森林等	一个穿着红色衣服的女孩、一座生机盎然的森林
气氛（Mood）	描述图像的气氛，如宁静、戏剧性、活泼等	宁静、戏剧性、活泼
参数（Parameters）	输入对图像生成过程的微调参数，如"Zoom Out""Make Square""Variation Mode"	

示例：

Prompt: a photo of a young Chinese man taken with a Canon EOS R6 in the city at high noon, it has a cinematic color scheme, the young man is walking down the sidewalk wearing causal clothing :: the city is gloomy from the rain, the image has a cinematic and movie style --q 2 --v 5.2 --s 750 --style raw

我们的需求具有多样性，因此除了通过以上提示词通用框架生成图像，还有很多模块需要考虑。表3-5-3是我们在用Midjourney生成图像时经常会涉及的一些更为详细的模块。

表3-5-3　Midjourney图像生成提示词详细框架参照表

序号	模　块	描　述
1	类型（Type）	定义生成图像的大体类别，如风景、人像等
2	主体（Subject）	描述生成图像的主要对象，如山、女孩等
3	动作（Action）	描述主体正在进行的动作，如飞翔的、笑着的等
4	特征（Features）	描述主体的特点，如巨大的、微笑的等
5	环境（Environment）	描述主体所处的环境，如在森林里、在城市中等

续表

序号	模　块	描　述
6	构图（Composition）	描述图像的构图方式，如右侧的、前景的等
7	风格 / 媒介（Style/Medium）	描述图像的艺术风格或制作媒介，如油画、素描等
8	参数（Parameters）	输入对图像生成过程的微调参数，如 V5.2 的 "Zoom Out" "Make Square" "Variation Mode" "Shorten command" "Stylize" 等功能
9	详细描述（Detailed Description）	对主体或背景进行详细描述，如一个穿着红色衣服的女孩、一座生机盎然的森林等
10	气氛（Mood）	描述图像的气氛，如宁静、戏剧性、活泼等
11	相机（Camera）	描述拍摄图像的相机类型，如手机相机、单反相机等
12	地点（Location）	描述图像拍摄的地点，如城市、森林等
13	一天中的时刻（Time of Day）	描述图像拍摄的时间，如早晨、夜晚等
14	色调（Color Scheme）	描述图像的色调，如暖色调、冷色调等
15	光线（Lighting）	描述图像的光照条件，如阳光下、阴暗的等

　　实际使用中，我们可以根据具体需要选择使用框架的某些部分，或者增加新的部分。这些框架只是一个指导，而不是硬性规定。只有不断实验和学习，才能创作出更多令人惊叹的作品。

3.6　编写 Midjourney 提示词的注意事项

　　上一小节我们学习了编写 Midjourney 图像生成提示词。通过对提示词框架结构和元素维度模块的学习，我们必须明确哪些细节最重要。任何未明确指出的元素，Midjourney 都可能以意料之外的方式进行填充。我们可以根据自己的需求，使用具体或者模糊性的表述。但请注意，省略的任何内容都将由 Midjourney 以随机的方式去理解和填充。模糊性的表述能带来多样的结果，但也可能无法获得你想要的具体细节。

　　所以，在编写提示词时，尽可能明确并描述出所有重要的背景和细节。这将有助于 Midjourney 准确地理解你的需求，并据此生成图像。

　　为了帮助你灵活有效地使用 Midjourney，我们提供了以下图像生成提示词编写指导参考，确保你可以明确自己所需的重要的上下文或细节。

　　◆ 主题。例如，人物、动物、角色、地点、物品。具体如龙、独角兽、美人鱼、半人马、克利奥帕特拉、莱昂纳多·达·芬奇、古董钟表、复古汽车、未来城市、魔法森林等。

◆ 媒介。例如，炭笔画、彩色玻璃、涂鸦、水彩、数字艺术、铅笔素描、照片、油画、插图、雕塑、民间艺术、浮世绘等。

◆ 环境。例如，山顶、密林、太空、室内、室外、繁华的城市、宁静的海滩、古庙、月球、纳尼亚、水下、翡翠城等。

◆ 光照。例如，柔和、阴天、霓虹、摄影棚灯光、黄金时刻、月光、逆光、强烈阴影、日落、炫光、聚光灯、环境光等。

◆ 颜色。例如，大地色调、棕褐色、鲜艳的原色、冷色调、暖色调、渐变、双色调、鲜艳、柔和、明亮、粉彩等。

◆ 情绪。例如，忧郁、奇妙、戏剧性、平静、怀旧、紧张、活力、神秘、浪漫、安静、冷静、狂热等。

◆ 构图。例如，特写、风景、广角、鸟瞰、微距、透视、对称、不对称、动态、静态、空间、关闭等。

Midjourney 高级使用技巧

第4章

4.1 如何使用 Midjourney 画图库图片

　　工作生活中我们常常需要图像，如设计邀请函、创建个性化的电子贺卡、制作家庭照片册等。Midjourney 可以帮助我们快速生成满足个人需求的图像，实现个性化的创作。

　　这一节我们将学习怎样使用 Midjourney 生成一张满足我们日常需求的图像。生成一张令人满意的图片，不仅需要精确的文本提示技巧，还需要一定的美学知识。不同场景下参数的设置也会有所不同，过度依赖模板有时会显得僵化。下面我们将通过实际的场景需求来教你如何编写出色的文本提示，以便在不同的场景下都可以生成自己需要的图像。

　　比如，做电子贺卡时，我们要用一张专业质感级别的图片，以前的解决方法是到专业图库网站搜索下载图片。现在的图库网站，大多数需要充值会员才可享受免费下载。而一些高品质、专业性的图库网站，即使充值了会员，仍需要付费购买图片。一张专业的图像素材需要支付几百元。通过本书的学习，我们会发现，其实 Midjourney 几乎可以满足我们对图库图片的所有需求。下面我们将学习如何使用 Midjourney 生成满足自己需求的图像。

　　比如，我们想要一张"灯塔"主题的图像，如下图所示。

　　因为想要一张专业质感级别的图像，所以这里使用复杂需求框架（如表 4-1-1 所示）来分析这张图片素材。

表 4-1-1 "灯塔"图像提示词结构框架分析表

模　块	描　述
主体（Subject）	灯塔、海燕
类型（Type）	高清图像

续表

模　块	描　述
环境（Environment）	大海
风格 / 媒介（Style/Medium）	电影风格，阴天，极简画面
背景详细描述（Detailed Background Description）	蓝色的天空，有浪花的海面
气氛（Mood）	宁静
参数（Parameters）	--ar 3：2 --q 2

　　通过以上框架分析，我们可以尝试写出描述性的提示语句：创作一幅灯塔主题的高清图像，有一只海鸥，背景是蓝色的天空下，有浪花的浅底海岸。有着简洁的画面，宁静的氛围。

　　把以上中文描述转换成英文，再加上参数，就是要创作的图像提示词。我们可以自己写这段英文提示词，也可以借助 ChatGPT 或者翻译工具。当然，我们也可以用 3.4.2 小节学过的 [/desribe] 来写这张图像的提示词。最终我们会得到类似如下提示词以及生成的图像效果。

Prompt: Generate a serene, high-definition image of a lighthouse theme. The focus should be on a seagull, flying against the backdrop of a clear blue sky. The scene also includes a shallow coastline with gentle waves lapping against the shore. The composition should be minimalistic for a peaceful ambiance --ar 3:2 --q 2 --v 5.2

我们所写的提示词最终生成的图像看起来并不是我们想要的。仔细观察生成的图像，和我们想要的效果图像进行对比，会发现生成的图像存在问题，如表 4-1-2 所示。

表 4-1-2 "灯塔"图像提示词对比结构框架分析表

模　块	图像想要的效果	图像生成的效果
主体（Subject）	一座灯塔，一只海鸥	一座灯塔，一群海鸥
类型（Type）	高清图像	高清图像
环境（Environment）	大海，阴天，少许海岸	大海，晴天，海岸比例过大
风格 / 媒介（Style/Medium）	电影风格，阴天，极简画面	正常照片，元素过多
背景详细描述（Detailed Background Description）	蓝色的天空，有浪花的海面	海边，石岸，有云的天空
气氛（Mood）	宁静	宁静
参数（Parameters）	--ar 3：2 --q 2	--ar 3：2 --q 2

根据以上对比，我们对提示词进行了微调，为了明确图像的调性，增加了有关极简主义的描述。调整的点如下。

◆ 明确一只海鸥在灯塔附近翱翔；

◆ 蓝天是万里无云；

◆ 突出海浪；

◆ 弱化海岸；

◆ 强调阴沉的天气；

◆ 极简主义景观。

Prompt: Create a cinematic high-definition image featuring a singular seagull soaring near a lighthouse, set against a backdrop of no cloudy blue sky and a shallow coastline with gentle waves. The composition should be minimalistic and serene. Ensure that the coast doesn't dominate the scene and that the sky remains overcast to reflect the peaceful mood. minimalism landscape --ar 3:2 --q 2 --v 5.2

右半部分是调整后的提示词生成的图像，可以看到新生成的图像已经离我们的需求近了很多。与上次相比，这次生成的图像画面简洁了许多，海燕数量也减少了，但与我们的预期还存在差距。这次生成的图像画面存在以下问题：

◆ 灯塔的画面比例太小了；

◆ 看不到大面积的白色浪花；

◆ 海岸的比例还是过多；

◆ 天空中有云朵。

这个时候就需要我们认真分析原因了。

我们必须明确哪些细节最重要。任何未明确指出的元素，Midjourney 都可能以意料之外的方式进行填充。

之所以没有得到自己想要的图像，是因为我们忽视了一些细节。经过思考，我们发现生成的图像最大的问题在于焦距和光线，于是明确了细节，重新调整指令。

Prompt: minimalist landscape, a lighthouse in front of a wave and waves, the lighthouse towers to the left of the composition,in the style of dutch landscapes, gritty reportage, light and airy, avian-themed, imposing monumentality, dansaekhwa, cool blue, photo taken with provia, the time is morning, the composition should be simple and peaceful, gloomy and serene --ar 3:2 --v 5.2

这次调整后生成的图像距离我们的预期非常接近了，我们选择第一个图像，不断使用"V"和"U"按钮微调图像，最终得到了我们想要的图像效果。

通过这个案例，我们可以总结使用 Midjourney 生成图像素材需注意的事项。

◆ 模仿与学习。模仿现有的图片或者别人生成的图片是一个非常好的学习方式。在模仿过程中，你可以学习到如何描述图片中的细节和元素，这对于形成精准的文本提示非常有帮助。

◆ 理解原因。理解为什么这样描述比知道怎么做更为重要。当你理解了为什么之后，遇到新的场景时，就能很好地分析出提示中需要包含哪些信息，而不是盲目地套用模板。

◆ 运用提示词框架结构，仔细分析。在写文本提示时，要尽可能仔细地观察并详细描述你想生成的图片中的元素。比如，主体是什么、场景是什么、图像风格是什么，等等。

◆ 反馈与调整。根据 Midjourney 生成的图片结果，分析为什么生成的结果与预期有所不同，然后据此调整文本提示。

◆ 尝试和实践。如果你对自己的英语水平不够自信，也可以尝试使用翻译软件。不要害怕失败，只有多尝试和实践，才能掌握使用 Midjourney 的技巧。

◆ 美学知识。除了文本提示技巧，美学知识也是非常重要的。不同场景下参数的设置也会有所不同，美学知识可以帮助你更好地理解和控制这些参数。

◆ 不过度依赖模板。过度依赖模板有时会显得僵化。模板可以作为一个基础，但要根据实际需求和场景进行调整和变化。

4.2 如何用 Midjourney 画标志

在日常的个人项目、创业公司或临时需求中，无论是做项目规划还是开展个体经营，一个独特的标志都是不可或缺的。然而，寻找专业设计公司来制作标志往往需要花费数千元甚至数万元的费用。对于那些项目规模较小或只是临时使用的情况来说，雇佣设计公司或设计师显然不划算。而学会 Midjourney 后，我们可以自己设计这些标志。

接下来我们将学习如何通过 Midjourney 来设计一个品牌标志。这里我们需要一段特殊的提示词句式，通过它来进行标志设计。

（风格）*logo of*（元素），*minimal graphic*，*by*（设计师），*--no*（不想要的特点）
下面我们详细解释这个提示词的构成及用法。

◆ 风格。填写标志的风格，如"flat vector"（平面矢量）。

◆ 元素。填写标志的主题元素，如"dog"（狗）。

◆ 设计师。填写喜欢的设计师风格，如"Rob Janoff"（苹果标志设计师的名字）。

◆ --no。用于排除不想要的特点，如"realistic photo detail shading"（现实照片细节阴影）。

例如，设计一只可爱的小狗平面矢量风格的标志，可以使用以下提示词。

Prompt: flat vector logo of dog, minimal graphic, by Rob Janoff, --no realistic photo

detail shading

这样我们就会得到 4 种平面矢量风格的小狗标志设计，我们可以用"U"和"V"按钮来调整细节，得到自己想要的图形。

由于这里只是通过示例说明标志设计提示词灵活应用的方法，篇幅有限，就不展开介绍如何使用"U"和"V"按钮进行图标细化。Midjourney 提示词具有很强的灵活性，我们可以根据需要随意更换括号内的内容。例如，你可以更换不同的风格或者不同的设计师，会产生不同的效果。比如上图选用了苹果的设计师 Rob Janoff，若将其换成 IBM 的设计师，会发生什么情况呢？

Prompt: flat vector logo of dog, minimal graphic, by Paul Rand, --no realistic photo detail shading

会得到这张标志设计效果图。

对比苹果的设计师 Rob Janoff，根据 IBM 设计师 Paul Rand 的风格生成的图形中，小狗的边缘要更圆润和平滑一些。请注意，并非所有的设计师风格都会被

Midjourney 识别，下面是一些可以被 Midjourney 识别并可替换的设计师风格。

◆ Saul Bass——《迷魂记》电影海报的设计师；

◆ Massimo Vignelli——纽约市地铁地图的设计师；

◆ Rob Janoff——苹果标志的设计师；

◆ Sagi Haviv——美国网球公开赛和《国家地理》标志的设计师；

◆ Ivan Chermayeff——摩根大通银行徽标的设计师；

◆ Steff Geissbuhler——时代华纳有线徽标的设计师。

通过对设计师风格关键词的替换，可以轻松生成以下设计风格的标志。

4.2.1　简洁图形图标

图形标志，也称品牌标记，通常由简单的图形元素构成。为获得简洁且独特的图标，请告诉 Midjourney 我们想要的结果。尝试使用"--no"提示词，逐字逐句描述我们不想要的内容，如细节、现实主义或阴影。

这里主要讲一下"--no"这个命令的使用。"--no"是一个很强大的命令，主要是告诉 Midjourney 我们不想要什么。比如，我们做标志设计，主要想做的是图形、图标，不想要照片风格，也不想要光影细节。所以我们在最后加了一个"--no realistic photo detail shading"的参数，然后生成的图像就没有照片效果，也没有阴影。如果我们不想要底色，可以加上透明背景的关键词"on a transparent background"。

Prompt: flat vector logo of dog, minimal graphic, on a transparent background, by Sagi Haviv, --no realistic photo detail shading

4.2.2　简洁线条标志

简洁线条设计已经流行了一段时间，可以通过图像或几何形状和线条设计来创建。Midjourney 可以帮助我们生成简约线条效果的标志。

Prompt: geometric minimal a dog, logo, line, simple, on a transparent background, --no realistic photo detail shading

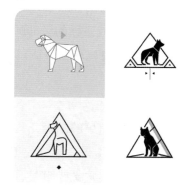

4.2.3　渐变图标

使用渐变标志可以为我们的品牌带来创新感。在提示中指定我们想要的颜色，让 Midjourney 为我们生成渐变图标。

Prompt: flat vector logo of dog, blue purple orange gradient, simple minimal, on a transparent background, by Ivan Chermayeff, --no realistic photo detail shading

4.2.4　日式商标

日式风格的平面图形具有独特的审美和韵味，Midjourney 可以帮助我们捕捉这些元素的特点，为我们的商标增添日式风格。

Prompt: logo of a dog, minimal, style of japanese book cover, on a transparent background, --no realistic photo detail shading

4.2.5　抽象 / 几何标志

抽象标志是一种用抽象的几何形状的表现形式，来象征我们业务性质的特殊类型的图形标志。可在提示中添加 "radial repeat"，以制作圆形图案。

Prompt: Flat geometric vector graphic logo of a dog, grayscale, simple, by Paul Rand, on a transparent background, --no realistic photo detail shading

4.2.6　徽章标志

徽章标志由交织在详细符号中的字体组成。Midjourney 可以帮助我们生成具有复古元素的现代品牌徽章标志。

Prompt: dog emblem, kitschy vintage retro simple --no shading detail ornamentation realistic color

4.2.7　现代游戏风格标志

Midjourney 可以为我们生成干净、现代游戏风格的标志，这种风格在社交平台中非常受欢迎。

Prompt: logo of an dog with trident, emblem, aggressive, graphic, vector

4.2.8　吉祥物风格标志

吉祥物风格的标志以具有独特性格的角色为中心。在设计吉祥物风格的标志时，请使用描述性的词汇来指导 Midjourney 创建吉祥物的外观和姿态。

Prompt: simple mascot for a dog company, japanese style

　　我们可以通过更换小狗的场景来实现契合行业的效果。比如，我想为一家经营钓鱼设备的公司设计一个标识，还是以这只小狗为形象，添加一个小狗钓鱼的关键词：

Prompt: simple mascot for puppy fishing company, japanese style

　　这里需要注意，Midjourney 对文本和单词的处理能力有限，因此如果需要中文（或英文）与图形配合形成标志，需要在 Adobe Illustrator 中进行整合处理。其实 Midjourney 这个产品最大的价值不是产品本身，想要使 Midjourney 这个 AI 绘画产品的价值最大化，是用其他工具如 Adobe 的 Photoshop、Illustrator 和它形成配合去完成工作，实现工具价值的最大化。

　　这里我们把 Midjourney 生成的图形导入 Adobe Illustrator 里做一下字体设计，一个简洁可爱的钓具品牌标志就做好了。

受限于篇幅，这里只是用 Midjourney 加 Illustrator 设计标志为大家做示范，如果需要满足企业商用的品质要求，还需进一步与客户沟通，进行精细化调整。虽然 Midjourney 能够大大提高设计师的设计效率，但与客户沟通依然至关重要。为了确保标志设计能够体现企业价值，设计师需要了解企业的需求、期望以及品牌定位。与此同时，设计图形本身也需要不断调整与优化。

作为一款强大的设计工具，Midjourney 对设计师开阔设计思路和提升设计效率具有指数级的影响。本节向我们介绍了如何灵活使用 Midjourney 提示词进行标志设计，并分享了灵活运用提示词的方法。希望我们能够充分发挥 Midjourney 的潜力，创作出独具特色的标志。

4.3 　如何使用 Midjourney 画头像

Midjourney 生成个人头像或形象（也称 Avatar）是一个令人兴奋的功能，我们可以用 Midjourney 创造一个可以重复使用在不同风格和环境中的个性化形象。下面本书将提供一个详细的步骤指南，教会你如何使用 Midjourney 生成个人头像。

4.3.1　提供源图像

首先，我们需要一张你的照片作为源图像。这张照片应该是你的正面照，脸上没有戴眼镜或者其他配饰。这样 Midjourney 将获得足够的面部信息来创建源图像艺术化的各种版本。上传你的照片到网络上或 Discord 服务器上，获取照片的公开链接。这里我们使用 Midjourney 生成的一个中国女孩的照片来做示例说明。

4.3.2   创作头像

我们把自己的照片上传到网络以后，就有了制作头像的源图像，可以用 Midjourney 创作各种艺术化的头像。

这里我们使用的提示词是"*<image url> photo of a man/woman, by attributes, styles*"，使用这个提示词生成图像以后，还可以继续提供不同的提示词，以创作多个风格化的 AI 图像。以上传的这张图像为例，为这个年轻的女孩创建赛博朋克哥特式的头像照片。

Prompt:https://cdn.discordapp.com/attachments/1094998161946324992/112539736 4677562398/04-07.jpg cyberpunk gothic photo of a young woman

4.3.3 变换头像风格

如果我们想尝试不同的风格，只需要更改提示词，或者添加我们喜欢的艺术家"by *<artist name>*"。Midjourney 能够识别成千上万的艺术家，并以他们的风格进行创作。

1. 卡通动漫风格

Prompt:https://cdn.discordapp.com/attachments/1094998161946324992/1125397364677562398/04-07.jpg   cartoon anime style of a young woman

2. 浮世绘风格

Prompt:https://cdn.discordapp.com/attachments/1094998161946324992/1125397364677562398/04-07.jpg Ukiyo-e style of a young woman

3. 速写风格

Prompt:https://cdn.discordapp.com/attachments/1094998161946324992/112539736
4677562398/04-07.jpg Sketch style of a young woman

4. 3D 卡通形象

Prompt:https://cdn.discordapp.com/attachments/1094998161946324992/11253973
64677562398/04-07.jpg 3D cartoon avatar of a young woman

4.3.4　勇于尝试

如果你觉得有趣，也可以尝试在提示词中添加其他的状态关键词，如年龄

"old""old man"或"old woman"。Midjourney 将根据这个提示词生成你的老化版本。

Prompt:https://cdn.discordapp.com/attachments/1094998161946324992/
1125397364677562398/04-07.jpg 3D cartoon avatar of a old woman

4.3.5　调整图片权重

在一些情况下，Midjourney 在尝试生成与原始图像完全匹配的脸部图像时可能会遇到一些困难。此时，我们可以使用"Image Weight"参数（定义为 –iw *<value>*）来强制 Midjourney 使用更多的原始图像。值为 1 表示正常权重。如果你想让 Midjourney 使用更多的原始图像，可以使用 1.5 或 2 的值。但是不建议使用更高的值，因为这样会使生成的图像带有更多的原始图像的痕迹。

4.4　如何使 Midjourney 变成相机镜头

摄影不仅能捕捉生活中的瞬间，更是一种艺术表现和探索世界的方式。借助 Midjourney 和相机镜头效果，我们可以进一步发挥创意，拍摄出令人叹为观止的照片。接下来我将与大家分享如何利用 Midjourney 和相机镜头效果指令，把 Midjourney 变成一个相机镜头。

4.4.1　微距镜头：探索细节之美

微距镜头让我们能够近距离地观察事物，揭示不易察觉的细节之美。例如，拍摄蜜蜂停在花瓣上的特写照片，可以让我们欣赏到它精致的纹理和生动的色彩。Midjourney 让我们能够轻松实现这种拍摄效果，感受大自然的神奇。

Prompt: A close-up of a Bee on a pedal, Macro lens, highly detailed

4.4.2 超广角镜头：创意视角

超广角镜头和鱼眼镜头能够拍摄出极具创意的照片。例如，以超广角镜头拍摄酒吧中坐在高脚椅上的人们，可以捕捉到戏剧性的光影效果和广阔的视野。Midjourney 使得我们可以在不同场景下尝试这些独特的视角，打破了传统的摄影框架，增添了更多的趣味性。

Prompt: People sitting at the bar in stools, ultra wide angle lens, dramatic lighting

4.4.3 360 度全景：畅游全景世界

虽然 Midjourney 尚不支持 360 度全景拍摄，但我们可以利用其功能来拍摄

接近 360 度全景效果的照片。例如，在 19 世纪伦敦街头拍摄一张宽高比为 1：1
的全景照片，让我们仿佛置身于那个时代，感受历史的氛围。

Prompt: photo of a london street in 1900s, 360 panorama, dramatic lighting

4.4.4　宝丽来镜头：怀旧之情

宝丽来照片让我们重温那些美好的岁月，感受时光流转的温柔。借助
Midjourney 拍摄一张宝丽来风格的照片，如 20 世纪 70 年代少女站在汽车前，让
我们沉浸在怀旧的情怀中，体会那段珍贵的时光。

Prompt: Photo of a teenage girl standing in front of a car, 1970s, polaroid

4.4.5 曝光效果：捕捉动态

探索曝光和快门速度的设置可以带来多样化的拍摄效果。长时间曝光和双重曝光是两种常见的曝光效果。例如，使用长时间曝光拍摄一座古老的酒馆和流水，可以捕捉到动态的光影效果。Midjourney 为我们提供了这种灵活性，让我们能够在不同环境中实现各种曝光效果。

Prompt: Photo of an old tavern with a stream of water, long exposure, dramatic lighting, DSLR

通过上述摄影技巧和 Midjourney 高级使用技巧，我们可以将 Midjourney 变成一个功能强大的相机，拍摄出各种令人惊叹的照片。不同的镜头效果和拍摄技巧，让我们在摄影的世界里畅游，感受创意的无限可能。

4.5 如何使用 Midjourney 制作壁纸

我们知道，无论是手机还是电脑，一个精美的壁纸都能极大地提升我们的使用体验。我们要找到那款心仪的壁纸，往往需要耗费大量的时间和精力。然而我们通过本书的学习，有了 Midjourney，一切变得不再困难。只需要输入合适的提示词，Midjourney 就能创造出独一无二的壁纸，让你的设备瞬间与众不同。这样一款强大的工具，用来定制手机和电脑壁纸，无疑是我们最佳的选择。

下面这行提示词就可以帮助我们创建独一无二的壁纸，如果我们要做电脑壁纸，可以把长宽比例设置 16：9，做手机壁纸的话则可以把长宽比例设置为 9：16。

Prompt: <style description> < theme description>

这行提示词是一个结构，我们在使用的过程中只需要将 <> 中的内容换成设备名和具体的风格描述就可以了。想要做出好的壁纸，首先需要对常见的壁纸类型有一个基础的了解，表 4-5-1 中是一些常见的壁纸风格。

表 4-5-1　常见壁纸风格中英文对照表

英　　文	中　　文	英　　文	中　　文
Nature	自然	Anime	日本动漫
Game	游戏	Fantasy	幻想
Celebrity	名人	Sports	运动的
Artist	艺术家	Minimalist	极简主义
Movie	电影	Miscellaneous	杂项
Superhero	超级英雄	3D	3D
Abstract	抽象的	High Tech	高科技
TV Show	电视剧	Space	空间
City	城市	Animal	动物
Car	汽车	Brand	品牌

4.5.1　简单壁纸

使用表 4-5-1，再通过 Midjourney，我们可以很方便地找到和创作出符合自己心意的壁纸，让我们从最简单的开始尝试。一般电脑桌面上会放很多图标，画面要求简洁，因此我们选择"极简主义"来生成一张极简自然景观的壁纸。

Prompt: Minimalist nature --ar 16:9 --v 5.2 --style raw

如果需要把这张图变成手机壁纸，可以更改图像比例为 9 ： 16，直接使用 [Custom Zoom] 功能很容易实现转换。

Prompt: Minimalist nature --v 5.2 --style raw --ar 9:16 --zoom 1

4.5.2　高级壁纸

很多情况下，我们并不满足于平淡无奇的壁纸效果，更渴望获取一些精致且细腻的视觉享受。要实现这样的效果，需要回顾一下第 3 章第 5 节所学习的如何编写 Midjourney 提示词的知识。

我们需要清晰定义想要生成的壁纸的主题、类型、环境、风格、色调、材质等属性。只有深入了解了这些细节，我们才能编写出用于生成精致、细腻壁纸的提示词。以下是不同类型的高级壁纸的提示词和图像效果。

Prompt: 3D Blue gradient --ar 16:9 --v 5.2 --style raw

Prompt: Minimalistic desktop background --ar 16:9 --v 5.2 --style raw

Prompt: Desert, Ultra HD, Photograph, 2023, Part of Nature Collection, Suitable for Desktop, Laptop, PC, and Mobile Screen --ar 16:9 --v 5.2 --style raw

4.5.3 主题壁纸

如果我们想要的不仅是一张美丽的图像壁纸，还希望壁纸能反映出一种特定的主题或气氛时，使用 Midjourney 设计主题壁纸就能满足我们的需求。无论你喜欢哪种风格的主题，电影、游戏，还是特定的艺术风格，或者是某个节日的主题，Midjourney 都能通过精心编写的提示词，帮助你创造出令人眼前一亮的主题壁纸。

利用 Midjourney 设计主题壁纸，不仅能让我们的设备显示屏焕发新的生机，更是一个让生活变得有趣的小窍门。我们只需要在提示词中明确壁纸主题，准确地用提示词描述主题内容，不断调整和优化生成的图像，就可以达到我们想要的效果。以下是几个主题壁纸的示例。

1. 人物主题壁纸

Prompt: imagine portrait of a beautiful happy chinaese woman, big silver earings, tied hair, summer, hyper realistic photograph, Kodak portra 800, golden hour --ar 16:9 --v 5.2 --style raw

2. 动物主题壁纸

Prompt: Create a close-up digital color photography of a lioness, captured by the wildlife photographer Beverly Joubert, exhibiting power and majesty. The scene is set in the African savanna, with tall grass and acacia trees in the background. The photograph is taken using a telephoto lens with a focal length of 300mm, aperture of f/4, and ISO 400. The lighting should emulate golden hour, providing warm tones and deep shadows to the setting --ar 16:9 --v 5.2 --style raw

3. 汽车主题壁纸

Prompt: Lamborghini, seaside, full body, 9:16, vehicle red, four of the same --ar 16:9 --v 5.2 --style raw

4. 游戏主题壁纸

Prompt: Blessed with massive biceps and an even bigger heart, Braum is a beloved Iceborn hero, fantasy art, dynamic composition --ar 16:9 --v 5.2 --style raw

5. 电影主题壁纸

Prompt: a film still of the Pursuit of Happynesst, 35mm, over-the-shoulder shot, duotone color grading, motion blur, adventure, Nigeria --ar 16:9 --v 5.2 --style raw

6. 奇幻主题壁纸

Prompt: Generate an image with cosmic details, featuring vibrant colors and intricate patterns that showcase the vastness and wonder of the cosmos. Use the prompt "Cosmic::Vibrant colors::Intricate patterns::Stars and galaxies::Surreal atmosphere --ar 16:9 --v 5.2 --style raw

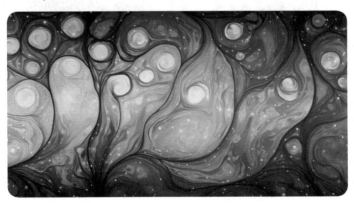

4.6 如何使用 Midjourney 创作绘画作品

我们在序言中讲到，不论你是否有绘画基础，都可以使用 Midjourney 创作出绘画作品。这一小节我们将学习使用 Midjourney 将想象力无限放大，生成绘画形式的图像。无论你是想要创作素描、速写，还是更具体的风格如水彩画、人物画、油画、抽象画、风景画，甚至是概念设计，Midjourney 都能帮你轻松实现。

想要在 Midjourney 上生成绘画风格的图像，关键在于如何设定提示词。根据前面学习的编写提示词的结构框架，可以按照如下步骤进行。

第一步，确定风格和形式。你需要决定你想生成什么样的绘画风格，如油画、水彩画、素描等。

第二步，选择主题。选择你想绘制的主题，可以是人物、风景、物体等。

第三步，设定提示词。你需要用详细的描述把自己的想法转化为 Midjourney 能理解的提示词。例如，如果你想生成一张油画风格的秋天森林中的画面，可以输入以下提示词。

Prompt: An oil painting of a forest in autumn, with golden leaves and sunlight filtering through the trees --v 5.2 --style raw

第四步，生成并调整。你可以使用 Midjourney 生成图像并进行调整，直到达到你满意的效果。

我们在使用 Midjourney 生成图像时可能需要多次尝试才能得到满意的效果。不要幻想在第一次就获得完美的结果。可以根据生成的结果逐步调整和完善提示词，使其更贴近你心目中的效果。

下面是一些常用的绘画提示词，可以直接拿来使用，只需要根据自己的需求更改关键词即可。

4.6.1 素描画

Prompt: Oriental female and male faces reference sketch, study, pencil outline, art study, punkcore, expressive, knoll --v 5.2 --style raw

4.6.2 速写画

Prompt: sketch coloring book style anime girl studying on the table thinking --v 5.2 --style raw

4.6.3 水彩画

Prompt: Autumn landscape watercolor painting 4k --v 5.2 --style raw

4.6.4 水墨画

Prompt: Chinese ink painting, illustration style --v 5.2 --style raw

4.6.5 粉笔画

Prompt: A crude stick figure crayon drawing of kids in a boat with water and sun and a whale --v 5.2 --style raw

4.6.6 油画

Prompt: Beautiful Chinaese Woman dissolving into colorful liquid oil paint, wind, cinematic lighting, photo realistic, by karol bak --v 5.2 --style raw

4.6.7 漆画

Prompt: palette knife oil painting a fast galloping horse, lacquered oak reception desk, extreme detail, artstation trending, artgerm, any racial background, deviant art, octane, substance, art history 8 k --v 5.2 --style raw

4.7 如何使用 Midjourney 生成实物摄影

在现实生活中，不管是用于产品宣传，还是学习借鉴，很多时候都需要用到大量高清的实物图像。在 Midjourney 上生成真实物体的图像，关键在于设置精确和具体的提示词。下面是一些步骤指南。

第一步，确定物体和类型。你需要明确你想生成什么样的实物图像，可以是具体的物体（如花、汽车、书本等），也可以是抽象的概念（如孤独、欢乐等）。

第二步，选择细节。设想你想呈现的物体细节，包括但不限于色彩、材质、光线、视角等。对于实物图像，描述越具体，生成的结果越接近你的期待。

第三步，设定提示词。将你的想法转化为 Midjourney 能理解的提示词。例如，如果你想生成一本老旧的书本在木质书桌上的图像，可以输入以下提示词。

Prompt: A realistic image of an old book with worn-out covers, resting on a wooden desk under soft, natural light

第四步，生成并调整。利用 Midjourney 生成图像并进行调整，直到达到你期望的效果。

参照以下实物图像生成的提示词，可以满足我们日常生活中的实物图像需求。

4.7.1　日常用品

Prompt: Commercial photography, a skincare cosmetic bottles::, on beige background, morning lighting and shadow from the window, minimal, dreamy scenes, horizontal composition --ar 16:9 --v 5.2 --style raw

4.7.2　食物

Prompt: A very bright white kitchen setting with A hot steaming bowl of classic beef stew on a table, steam eminating from the top, hyper realistic, food photography, excellent composition, well – lit, sharp – focus, high – quality, attention to detail --ar 16:9 --v 5.2 --style raw

4.7.3 宠物

Prompt: Macro Photography,Capturing the details of the Kejia puppy with a macro lens,Emphasize the contrast of iridescent colors and intricate patterns with soft focus natural background

4.7.4 水果蔬菜

Prompt: Hyperrealism Photography : Create a hyper-realistic image of a dew-covered orange, focusing on the texture, reflection, and minute details to make it appear almost more real than reality --ar 16:9 --v 5.2 --style raw

4.7.5 室内和建筑设计

Prompt: Product photography, air purifier, in a minimalist style living room, beige and white, serene and calm, monochrome scheme, light-filled landscape, UHD, octane rendering, ultra HD, details --ar 16:9 --v 5.2 --style raw

4.7.6 自然风光

Prompt: Bird's Eye View Photography : Use a drone to capture a bird's eye view of a winding mountain road, emphasizing the scale and unique perspective --ar 16:9 --v 5.2 -- style raw

4.8 如何使用 Midjourney 生成人像

　　人像摄影是对艺术家技能和细心观察的挑战，而 Midjourney 可以帮助我们轻松地达到这个目标。无论你是想要一个活泼的儿童、美丽的姑娘，还是深思熟虑的长者的摄影照片，Midjourney 都能通过准确的提示词生成出来。

　　这一节我们将探索如何使用 Midjourney 进行人像摄影，让你的人物创作变得轻松有趣。要使用 Midjourney 生成人像摄影图像，首先需要有清晰的目标和视觉想象。例如，你可能想要创建一个特定人物的肖像，或者一个特定的情境。接下来，我们要根据目标和视觉想象来构建 Midjourney 提示词。

你可能需要考虑以下关键因素。

人物描述。需要描述我们想要生成的人物，包括人物的外貌特征（如发型、眼睛颜色、肤色等）、着装（如颜色和样式），以及姿势（如站立、坐着、跳跃等）。

环境描述。需要描述人物所在的环境，可能包括室内的特定设置（如一个工作室或客厅）或者室外的特定地点（如一个山丘或城市街头）。

情绪和氛围。需要描述我们希望图像传达的情绪和氛围，可能涉及光线的强度和颜色，以及人物的表情和姿态。

摄影技术。描述我们希望在图像中使用的摄影技术，例如，使用浅景深（以使背景模糊），或者使用特定的角度或视点。

根据以上因素，我们可以编写一个类似这样的 Midjourney 提示词："阳光下一个笑容满面的金发女子，身穿夏季礼服，坐在带有藤椅的田园风格的花园里。使用浅景深，使背景的花朵和树木呈现出柔和的模糊效果，同时将女子的笑容和夏日服装突出出来。光线温暖，给人一种轻松愉快的感觉。"

Prompt: A radiant, blonde woman smiling in the sunlight, dressed in a summer dress, seated on a wicker chair in a garden styled in a pastoral theme. Use a shallow depth of field to render the flowers and trees in the background with a gentle blur, while accentuating the woman's cheerful smile and her summer dress. The light should be warm, imbuing the scene with a relaxed and pleasant feel --ar 16:9 --v 5.2 --style raw

4.8.1 婴幼儿

Prompt: A natural and unposed portrait of a newborn baby, capturing their sweet innocence and delicate features, with a soft and gentle feel as the style of Newborn Portraiture --ar 16:9 --v 5.2 --style raw

4.8.2 儿童

Prompt: A candid portrait of a chinaese child, with a soft and dreamy quality, capturing a fleeting moment of innocence as the style of Lifestyle Portraiture --ar 16:9 --v 5.2 --style raw

4.8.3 女士

Prompt: High-key portrait: a portrait that is shot,a young chinese lady, creating a bright and airy feeling to the photo --ar 16:9 --v 5.2 --style raw

4.8.4 男士

Prompt: A portrait of a chinaese man lost in thought, their expression contemplative as they gaze into the distance --ar 16:9 --v 5.2 --style raw

4.8.5 老者

Prompt: A full portrait of an elderly man, showcasing his wisdom and the fine lines of age etched on his face --ar 16:9 --v 5.2 --style raw

使用以上示例提示词，你就可以用 Midjourney 生成任何想要的人像效果。只需要你根据自己的需求更改英文关键词。需要注意的是，可能需要一些尝试和调整才能产生最佳结果，所以不要害怕反复尝试和修改提示词。

4.9　如何使用 Midjourney 画动漫

"Niji"是专门为动漫设计的模型，其建构在与 Midjourney 标准模型完全不同的独立架构上。Niji V5 是目前最新的版本，于 2023 年 4 月 5 日发布，而前一版本 Niji V4 于 2022 年 12 月发布。虽然 Midjourney 的 V5 模型并不是专门为动漫设计，但其在 2023 年 4 月发布后，在动漫创作方面的表现比之前的模型（如 V4 和 V3 等）都要出色得多。

使用 Midjourney 生成动漫，主要分为以下几步。

第一步，选择合适的 Niji 风格。Niji 模型可以通过"--style"命令切换不同的风格，目前可以切换的风格有"original""scenic""expressive"和"cute"。这些风格参数的效果和适用场景如表 4-9-1 所示。

表 4-9-1　Niji 模型风格参照表

风 格 参 数	效　　　果	适 用 场 景
--style original	倾向于原始的动漫审美	当你想创建传统动漫风格的图像时
--style scenic	将角色置于一个"环境"中，给出了美丽的双色调效果	当你想在动漫角色周围创建丰富的环境并注重背景和环境的细节时
--style expressive	倾向于 3D 渲染和时尚达人风格	当你想为动漫角色添加更多的深度和三维感，或者创建时尚、现代感强的图像时
--style cute	倾向于插画和卡通风格	当你想创建插画风或卡通风格的图像，或者要求图像具有柔和、可爱的感觉时

第二步，使用"stylize"命令获取更有趣的变化。通过"--stylize"或"--s"命令可以获取有趣的变化。命令的范围是从 0 到 1000，尝试不同的参数值可以得到不同的效果。例如，如果你想让作品看起来更独特，可以尝试增大或者减小参数值。

第三步，使用质量标签。为了提升作品的质量，可以尝试在提示词中加入一些有关质量、细节、光线、相机的标签，如表 4-9-2 所示。

表 4-9-2　Niji 模型标签参照表

类别	提 示 关 键 词	适 用 场 景
质量	masterpiece, best quality, high quality	当你想生成最高质量的图像时
细节	detailed, intricately detailed, finely detailed, hyper detailed	当你希望图像具有高度详细的纹理、模式或其他细节时
光照	cinematic lighting, golden hour lighting, silhouette lighting, backlit	用于调整图像的光照和色调，从电影级的光照到特定时间（如金色时刻）的光照，都可以通过调整这些参数得到
摄像机	depth of field, shot with Canon EOS, lens 135mm f1.8, portrait of [x]	当你想模拟特定的摄像机，如佳能 EOS，或者特定的镜头，如 135mm f1.8 镜头时可使用该标签。也可以使用"portrait of [x]"参数来生成特定对象的肖像

第四步，人物生成。如果你想生成特定的人物，可以查看 Danbooru 的标签数量来判断 Niji 是否能生成这个角色。例如，如果一个角色在 Danbooru 上有超过 1000 张的图像，那么在生成这个角色时你可以输入系列名称，以提高准确性。

4.9.1　人物角色

Prompt: asuka langley soryu sitting on surfboard, dawn light, 1980 1990 anime retro nostalgia, bluest water, masterpiece, ultimate details, --ar 16:9 --s 90 --style expressive --niji 5

4.9.2　场景动漫

Prompt: colored pencil Line art sketch, coloring page of a beautiful Traditional Thai Village, canals and rivers, boarts. summer, harsh lighting, vector, stained glass art, trending on Pixiv fan box, palette knife and brush strokes, style of makoto shinkai jamie wyeth James Gilleard edward hopper Greg Rutkowski studio ghibli genshin impact, Very sharp details --ar 16:9 --niji 5

4.9.3　情节动漫

Prompt: AI generates Harry Potter As Studio Ghibli anime --ar 16:9 --niji 5

4.9.4   主题动漫

Prompt: AI generates Street Fighter characters as Renaissance paintings --ar 16:9 --niji 5

4.9.5   卡通动漫

Prompt: Woman standing in front of a window with her hair blowing, modern anime, highly detailed, digital drawing, perfect composition, light atmosphere, evening light --ar 16:9 --style cute --niji 5

4.9.6　3D 动漫

Prompt: A blue hair 3d anime girl is live - streaming to the camera, with a close - up of her upper body --ar 16:9 --niji 5

4.10　如何使用 Midjourney 画游戏

游戏设计是一个复杂且富有创意的过程。有了 Midjourney 以后，游戏设计不再是大团队的专利，只要你有好的创意和执行力，无论你想设计角色、场景还是游戏界面，Midjourney 都能以强大的功能帮助你实现。

这一节我们将介绍用 Midjourney 进行游戏设计，让你的创新构想成为现实，创造属于自己的游戏世界。游戏设计的关键是对游戏资产进行规划。

游戏资产是构建游戏的基础，包括角色、环境、道具和纹理等。优质的资源能助你打造出令人惊叹的视觉效果，带来引人入胜的游戏体验。而 Midjourney 为游戏设计师打开了一扇大门，帮助他们释放创造力，优化游戏资产的可视化和创作流程。

如何使用 Midjourney 生成游戏资产呢？以下是一些步骤和建议。

确定需求。需要明确你的游戏资产需求，包括角色、环境、道具等。例如，你需要一个穿着铠甲的英雄角色、一个神秘的森林环境，或者一个魔法道具等。

编写文本提示词。Midjourney 的核心功能是根据文本提示词生成图像。因此，你需要编写一个清晰、详细的文本提示来描述你的游戏资产。例如，"一个穿着闪亮铠甲的英雄角色，手持宝剑，背景是一座神秘的森林"。

使用参数。Midjourney 提供了一系列参数，可以帮助你细致地控制生成图像的样式和质量。例如，你可以使用"--style"参数来改变图像的风格，或者使用"best quality"获取最高质量的图像。

生成图像。输入文本提示和参数后，点击"Generate"按钮，Midjourney 将根据你输入的内容生成一张独特的图像。

迭代和优化。生成图像后，可能需要对文本提示或参数进行微调，以便得到你满意的效果。

下面我们将分享游戏设计的提示词和图像效果，借助这些提示词，你可以按自己的需求更换元素关键词，这样便可轻松地实现游戏创作。

4.10.1　游戏道具

Prompt: game sheet of different types of swords and axes, light background, clay render, oily, shiny, bevel, blender, style of Hearthstone --ar 16:9 --v 5.2 --style raw

4.10.2　游戏物品

Prompt: sheet of shiny treasure chests with gold coins, clay, render,game icons, game asset, blender, oily, shiny, bevel, smooth rendering, hearthstone style --ar 16:9 --v 5.2 --style raw

Prompt: game sheet of different types of enchanted potions, light background, clay, oily, shiny, game icon, blender, style of Hearthstone --ar 16:9 --v 5.2 --style raw

Prompt: sheet of cafe pastries, game asset, game icon, clay render,blender, oily, shiny, bevel,smooth rendering, style of Hearthstone --ar 16:9 --v 5.2 --style raw

4.10.3　景观和建筑物

Prompt: game asset, with trees, grass, wood, rocksgame icon, shiny, bevel,smooth rendering, style of Hearthstone --ar 16:9 --v 5.2 --style raw

Prompt: Game assets, isometric buildings with university, town hall, farm, military

depot, mine, lumberyard etc, shiny, beveled, smooth render, hearthstone style --ar 16:9
--v 5.2 --style raw

4.10.4   头像与角色

Prompt: Game assets, Character avatar icons, including mages, warriors, tanks, farmers, wizards, miners, lumberjacks, etc, shiny, beveled, smooth render, hearthstone style --ar 16:9 --v 5.2 --style raw

Prompt: Game assets, Characters, Youyingnan, Beauty, General, Warrior, Mage, Judge, Hunter, etc, shiny, beveled, smooth render, hearthstone style --ar 16:9 --v 5.2 --style raw

4.10.5 游戏场景

Prompt: Game background image, a huge map with many lands,top view,colorful, amazing epic ancient theme, cinematic, stunning, realistic lighting and shadows, vivid, vibrant, unreal engine, concept art, shiny, beveled, smooth render, hearthstone style --ar 16:9 --v 5.2 --style raw

通过本小节内容的学习，我们总结出如下设计流程。

要创建游戏可以先利用 Midjourney 设计游戏背景地图，然后根据本小节所分享的游戏资产提示词创建不同的游戏资产。为了确保所创造的游戏资产整体风格的一致性，可以使用相同的风格提示词和"--seed"编号。接着借助 Photoshop 或者其他软件工具，把这些图像去掉背景，然后导入 Unity 游戏引擎中进行合成，再和设计交互效果，最终完成一个简单的游戏设计。

4.11 如何使用 Midjourney 创建电影剧照

Midjourney 还有一个妙用，就是可以依据你对电影画面的描述，生成已有电影的剧照画面。由于 Midjourney 绘画模型并未观看过电影，因此它只能根据你的描述和大量的训练数据来生成图像。它可能无法生成完全符合电影场景的图像，然而能创造出富有想象力和创意的作品。

接下来，我们一起来学习如何使用 Midjourney 生成电影高清剧照。

第一步，详细描述剧照的内容。确定你希望生成的剧照画面的具体内容。需要描述的内容包括电影中的角色、动作、环境、服装等。如果你记得特定场景的详细情况，可以尽可能详细地描述出来。

　　第二步，添加电影信息。在描述中注明电影的名字，特定的剧照来自哪个场景，甚至角色的名字。这可以帮助 Midjourney 准确地生成图像。例如，"来自电影《泰坦尼克号》的一幅剧照，杰克和露丝站在船头，他们身后是浩渺的大海和夕阳。杰克穿着休闲服装，露丝则穿着豪华的长裙。"

Prompt: A still photo from the movie "Titanic", Jack and Rose stand at the bow of the ship, behind them is the vast sea and the sunset. Jack is wearing casual clothes, while Rose is wearing a luxurious long dress --ar 16:9 --q 2 --v 5.2 --style raw

　　第三步，使用与品质和相机有关的参数。在生成剧照时，可能希望图像质量尽可能高，就像一幅专业级别的电影剧照，可以尝试添加一些相关的参数，如"high quality" "masterpiece" "shot with Canon EOS" 等。

　　第四步，反复试验和修改。可能需要试验几次才能得到满意的效果。如果第一次生成的图像与期望有偏差，可以尝试修改描述或者参数，再生成新的图像。

　　如果你不会写画面描述提示词，或得记不清电影剧情，也没有关系。只要你记得电影名字，依然可以借助设计提示词"A still frame from the movie < *movie name* > . Cinematic. 8K. HD. High quality"来获得电影剧照。

　　下面是我喜欢的一些电影剧照的提示词和效果图。根据前面学习到的知识，相信你已经掌握了如何写提示词，快来生成自己喜欢的电影剧照吧。

4.11.1　《银翼杀手》

Prompt: A still frame from the movie Blade Runner (1982) . Cinematic. 8K. HD. High quality --ar 16:9 --v 5.2 --style raw

4.11.2 《流浪地球》

Prompt: A still frame from the movie the Wandering Earth,Conceptual drawing Dam-engine variable speed conduction tunnel,Cinematic. 8K. HD. High quality --ar 16:9 --v 5.2 --style raw

4.11.3 《侏罗纪公园》

Prompt: A still frame from the movie Jurassic Park. Cinematic. 8K. HD. High quality --ar 16:9 --v 5.2 --style raw

4.11.4 《星际穿越》

Prompt: A still frame from the movie Alien (1979) . Cinematic. 8K. HD. High quality --ar 16:9 --v 5.2 --style raw

4.11.5 《阿凡达》

Prompt: A still frame from the movie Avatar. Cinematic. 8K. HD. High quality --ar 16:9 --v 5.2 --style raw

4.12　如何使用 Midjourney 画风景

风景照片是受很多人喜爱的，事实上，通过 Midjourney，你可以拥有任意类型的风景照片。无论你喜欢的是广阔的海洋，还是繁华的城市，Midjourney 都可以帮你轻松生成你想要的风景照片。

这一节我们将学习如何使用 Midjourney 画风景，让你的创作之旅更加丰富多彩，使每一个人都能轻松使用 Midjourney 生成风景照片。你可以参照表 4-12-1 来操作。

表 4-12-1 Midjourney 风景提示词框架结构参照表

类　别	内　容
图像类型（IMAGE_TYPE）	全景照片（Panoramic Shot），空中航拍（Aerial Drone Shot），宏观照片（Macro Shot），长曝光（Long Exposure）
风格（GENRE）	自然（Nature），都市（Urban），科幻（Sci-fi），幻想（Fantasy），历史（Historical）
情感（EMOTION）	平静（Calming），激动人心（Exciting），悲伤（Sad），欢乐（Joyful），充满启示（Inspirational）
场景描述（SCENE）	繁华的城市夜景，安静的乡村田野，古老的城堡，现代的天际线，遥远的银河
地点类型（LOCATION TYPE）	沙漠（Desert），森林（Forest），湖泊（Lake），城市（City），山脉（Mountains）
相机型号（CAMERA MODEL）	尼康 D850（Nikon D850），佳能 EOS R5（Canon EOS R5），DJI Mavic 2 Pro，Sony A7R IV
镜头参数（CAMERA LENSE）	14-24mm f/2.8，50mm f/1.8，70-200mm f/2.8，24-70mm f/2.8，28mm f/2.8
特效（SPECIAL EFFECTS）	全景视图（Panoramic View），季节变换（Seasonal Changes），日出（Sunrise），日落（Sunset），雪景（Snowy Scene）
标签（TAGS）	季节变换（Seasonal changes），星空（Stars），晨雾（Morning Mist），繁华（Bustling），安静（Tranquil）
图像比例（Aspect Ratio）	1：1，4：3，16：9，2.35：1

第一步，确定图像类型。比如，可以选择"全景照片"（Panoramic Shot）来获取广阔的视角，或者选择"空中航拍"（Aerial Drone Shot）来模拟无人机的视角。

第二步，选择风格。如果你想要一个自然的环境，可以选择"自然"（Nature）；如果你想要一个现代的城市风景，可以选择"都市"（Urban）。

第三步，描述情感。这一步是为了让 Midjourney 理解你想要传达的情绪。例如，如果你想生成一个宁静的湖泊图像，可以选择"平静"（Calming）。

第四步，细化场景描述。在这一步，你需要详细描述你希望生成的场景，如"繁华的城市夜景"或"安静的乡村田野"。

第五步，确定地点类型。可以选择地点类型以帮助 Midjourney 理解你想生成的环境，如"沙漠"（Desert）、"森林"（Forest）等。

第六步，指定相机型号和镜头参数。这一步是为了模拟特定的相机和镜头效果，比如"尼康 D850"（Nikon D850）配合"50mm f/1.8"镜头。

第七步，加入特效。通过选择特效，如"全景视图"（Panoramic View）、"季节变换"（Seasonal Changes），可以让图像更具有特色。

第八步，添加标签。标签可以帮助 Midjourney 精准地理解你的需求。你可以添加诸如"季节变换"（Seasonal changes）、"星空"（Stars）等相关的标签。

第九步，确定图像比例。你需要选择一个适合你需求的图像比例，如"1∶1"或"16∶9"等。

通过以上方法，只要你有足够的想象力，就可以借助 Midjourney 生成任何你能想到的可以媲美专业级摄影的风景照片。学会这个方法以后，你会发现限制你的从来不是知识和工具，而是你的想象力。

4.12.1　全景风景

Prompt: A dramatic panoramic view of snow-capped mountain peaks bathed in golden sunlight at sunrise, with a clear blue sky and a serene mountain lake below. Nikon D850, 24-70mm f/2.8, golden hour lighting, HDR, mountains, majestic peaks, snow-capped summits, rugged terrain, breathtaking, alpine lake, sunrise --ar 16:9 --v 5.2 --style raw

4.12.2　鸟瞰风景

Prompt: A bird's-eye view of a winding mountain road cutting through lush green forests and snow-capped mountains, with a dense morning fog slowly lifting. DJI Mavic 2 Pro, 28mm f/2.8, fog, aerial perspective, mountains, majestic peaks, snow-capped summits, rugged terrain, winding road, aerial drone shot, morning fog --ar 16:9

4.12.3　近景风景

Prompt: An extreme close-up of ice crystals forming intricate patterns on a mountain rock, with blurred snow-capped peaks in the background. Canon EOS R5, 100mm f/2.8 Macro, macro close-up, ice crystals, mountains, majestic peaks, snow-capped summits, rugged terrain, ice crystals, abstract --ar 16:9 --v 5.2 --style raw

4.12.4　黑白风景

Prompt: A black and white image of a rugged mountain range with contrasting shadows and highlights, emphasizing the texture and dramatic contours of the landscape. Sony A7R IV, 24-70mm f/2.8, black and white, high contrast, mountains, majestic peaks, snow-capped summits, rugged terrain, fine art, black and white --ar 16:9 --v 5.2 --style raw

4.12.5　航拍风景

Prompt: A bird's-eye view of a dramatic coastline, captured in an aerial drone shot. The scene depicts towering cliffs and turquoise waters swirling around the rocks below, portraying a sense of majestic nature. The photograph was taken with a DJI Mavic 2 Pro using a 28mm f/2.8 lens. High dynamic range (HDR) was used as a special effect. The image is associated with tags such as beaches & coastal areas, cliffs, seascapes, crashing waves, aerial view, and majestic --ar 16:9.

4.12.6　海景风景

Prompt: A peaceful coastal area with a long wooden pier extending into the calm sea, captured in seascape photography. The serene nature of the scene is further enhanced by the presence of pastel-colored clouds in the sky. This image was taken with a Nikon D850 using a 14-24mm f/2.8 lens. Soft colors and long exposure were used as special effects. The tags associated with this photograph include beaches & coastal areas, sandy shores, seascapes, wooden pier, serene, and pastel clouds. The aspect ratio is 16:9, the version is 5.2 and the style is raw

4.12.7　天文风景

Prompt: Long Exposure Photography: Frame a long-exposure shot of a starry night over an old, lonely lighthouse, where the circular motion of stars around Polaris creates star trails in the sky --ar 16:9 --v 5.2 --style raw

4.12.8　星空夜景

Prompt: A starry night sky above a snow-capped mountain range, with the Milky Way and a meteor shower casting a magical glow over the rugged landscape. Nikon D810A, 14-24mm f/2.8, night sky, Milky Way, meteor shower, mountains, majestic peaks, snow-capped summits, rugged terrain, starry night, Milky Way, meteor shower --ar 16:9 --v 5.2 --style raw

4.13　如何使用 Midjourney 画剪纸 / 贴纸

剪纸是一种非常独特且古老的艺术形式，Midjourney 则为这种艺术形式提供了一个新的创作平台。无论你是想要个性化的笔记本贴纸，还是独一无二的电脑贴纸，甚至是自己的剪纸艺术作品，Midjourney 都能帮你实现。这一节我们就来学习下如何利用 Midjourney 生成剪纸 / 贴纸。

使用 Midjourney 生成剪纸 / 贴纸，还是像前面的章节一样进行如下操作。

第一步，确定剪纸 / 贴纸的主题和风格。确定你想要设计的主题和风格，比如你想要一款风暴兵和达斯维达的贴纸，那么可以具体描述为 "风暴兵与达斯维达站在一起，面对面地看着对方，背景是《星球大战》的星空背景。"

第二步，编写 Midjourney 提示词。Midjourney 生成图像的核心是你提供的提示词。你可以根据自己想要的主题和风格写出相应的提示词。

第三步，生成设计。提交提示词后，Midjourney 就会根据你给出的信息生成相应的设计。你可以根据需要调整和修改生成的结果，直到得到你满意的设计为止。

以下是一些剪纸 / 贴纸的示例提示词，你只需要做简单的调整和替换，就可以得到你想要的剪纸 / 贴纸效果。

4.13.1　剪纸

Prompt: Sakuraki Hanamichi, paper cut craft illustration on white background of mindfulness, --v 5.2 --style raw

4.13.2 贴纸

Prompt: sticker design, super cute baby pixar style white rabbit, wearing a cyan sweater, vector --v 5.2 --style raw

4.13.3　邮票

Prompt: vintage Chinese Postage Stamp, Great Wall, red ink, line engraving, intaglio --v 5.2 --style raw

4.14　如何使用 Midjourney 设计 T 恤

使用 Midjourney 设计 T 恤是一种非常创新和富有创意的方法。借助 Midjourney，我们可以根据自己的想法和风格轻松地创建出个性化的 T 恤设计。以下是使用 Midjourney 设计 T 恤的步骤。

Midjourney 的输入提示可以是任何你想要的图案或艺术风格，只需要我们将这些风格的关键词写入提示中。当我们需要一个特定主题的设计时，如音乐、科技等，可以将需要的动作、服装、美术风格等关键词替换到以下图像生成提示词里：<action, clothes>、<art style>。

示例：

Prompt: Whippet <action, clothes>, flat 2d, <art style>, clean, simple, white background, professional tshirt design vector

以下是一些特定风格的示例。

4.14.1 Mottled 风格

Prompt: Whippet with headphones, mottled style, clean, simple, white background, professional tshirt design vectorEnclosed in a circle

4.14.2 Rorschach 风格

Prompt: Whippet with headphones, Rorschach style, clean, simple, white background, professional tshirt design vector

4.14.3 Enclosed in a circle 风格

Prompt: Whippet wearing sunglass, flat 2d, vector, white background, enclosed in a circle, professional tshirt design vector

4.14.4 Kawaii 风格

Prompt: Kawaii cute whippet with sunglasses, cartoon, full body, clean, simple, white background, professional tshirt design vector

我们将 Midjourney 绘制好的图形导入 Underground Printing 等在线 T 恤设计平台，就可以完成潮酷 T 恤的设计。

也可以使用 Midjourney 中的"Custom zoom"自定义背景图像填充功能，把生成的图像模拟在白色 T 恤衫上。"Custom zoom"提示词如下。

Prompt: Printed on a white t-shirt hanging on the wall --ar --zoom 2

Midjourney
专业进阶和商业应用

5.1　Midjourney 在品牌创新中的角色

当今的商业环境中，品牌形象和视觉标识对于公司的成功至关重要。作为一个先进的 AI 艺术创作工具，Midjourney 提供了一种全新的方式，能够辅助设计师更快、更有效地创造出优秀的品牌设计。

5.1.1　揭秘品牌设计的艺术

品牌设计一般可以分为以下 6 个关键阶段。

明确品牌需求。在这个阶段，设计团队与客户进行详细的沟通，以理解客户的品牌定位、目标受众、品牌核心价值和愿景等。设计师可能提出一系列的问题，以确保对品牌形成全面的理解，这些问题可能包括品牌的使命是什么？目标受众是谁？希望传达的信息是什么？希望通过品牌达到什么样的商业目标？

市场竞品调研。设计师进行详细的市场研究，了解客户的竞争对手，分析竞争对手的品牌策略、设计风格和目标受众。这个过程可以帮助设计师理解市场趋势，找出客户品牌的独特之处，从而制定出有别于竞争对手的设计策略。

确定设计思路。设计团队通过头脑风暴等方法，生成并评估多种设计概念和策略。这些设计思路将反映品牌的核心价值，并突出品牌的独特性。团队会与客户讨论这些概念，并确定最终的设计方向。

交付设计初稿。设计师将设计思路转化为具体的设计元素，如色彩方案、字体、图形等。这些元素将被整合在一起，形成品牌的视觉识别系统。在这个阶段，设计团队将生成一系列的设计稿，供客户审查和反馈。

交付品牌物料。设计师根据客户的反馈修改设计稿，直到客户满意为止。然后，设计团队会制作一系列的品牌物料，如名片、网站设计、产品包装、社交媒体图形等。

培训导入。设计团队将为客户提供必要的培训，以确保他们能正确使用新的品牌素材。团队还可能提供后续的设计支持和评估服务，以确保品牌的一致性和有效性。

5.1.2　Midjourney 解决品牌设计的创新瓶颈

学会使用 Midjourney 以后，可以解决品牌设计过程中的几个关键问题。

设计灵感和创新。通过人工智能技术，Midjourney 可以快速生成大量的设计概念和方案，帮助设计师快速收集和筛选设计灵感。

提升设计效率。Midjourney 可以帮助设计师在短时间内产出大量的设计方案，大大提高设计效率。

提升设计质量。Midjourney 的智能设计工具可以帮助设计师精细调整设计的各个元素，包括颜色、形状、布局等，从而提高设计质量。

设计实验与预览。Midjourney 提供实时预览和试验功能，设计师可以实时看到设计修改的效果，从而做出更好的设计决策。

5.1.3　Midjourney 在品牌创建中的原则

我们在使用 Midjourney 进行品牌设计的时候，依然要遵循品牌设计原则。设计原则可以帮助设计师制定和执行有效的设计方案。以下是一些常见的品牌设计原则。

◆ 一致性。一致性是品牌设计中非常重要的原则。无论是品牌的色彩、字体、标志还是视觉语言，都应保持一致。这样可以构建和增强品牌的识别度。

◆ 简洁性。一个好的设计应该是简洁并易于理解的。避免过多复杂的元素和信息，可以使设计更加清晰。

◆ 功能性。设计不仅要美观，更重要的是要有功能。设计应该符合用户需求，易于使用，提供好的用户体验。

◆ 视觉层次性。有效的设计应该具备良好的视觉层次性，通过大小、颜色、位置等元素的差异来吸引用户的注意力。

◆ 平衡。设计中的元素应该有良好的平衡性，包括颜色、形状、大小等元素的分布应该均匀和协调。

5.1.4　Midjourney：借鉴大师，提炼风格

设计师的作品和风格是品牌设计的重要参考资源，以下是几位在品牌设计领域有重要影响的设计师，他们的作品风格可以供 Midjourney 参考。

◆ Paul Rand。Paul Rand（保罗·兰德）是 20 世纪最有影响力的平面设计师之一，他设计的 IBM、UPS、Westinghouse 等企业标志是他独特设计风格的代表。

◆ Saul Bass。Saul Bass（索尔·巴斯）以设计独特风格的电影海报和标志而闻名，他的设计简洁明快，具有很高的辨识度。

◆ Paula Scher。**Paula Scher**（保拉·谢尔）是 Pentagram 设计公司的合伙人，她的设计风格独特，善于利用排版和色彩来传达信息。她设计的 Citi Bank 和 Windows 8 等品牌标志具有很高的辨识度。

◆ Michael Bierut。**Michael Bierut**（迈克尔·布雷特）是一位极具影响力的平面设计师和设计评论家。他的设计作品覆盖了品牌标志、环境图形、出版物设计等多个领域。

◆ Massimo Vignelli。**Massimo Vignelli**（马西莫·维格涅利）是意大利设计师，以干净、精简的设计风格而闻名。他设计的 New York City 地铁指示系统和 American Airlines 的标志都是经典的品牌设计。

这些设计师的作品风格和设计理念可以为 Midjourney 提供宝贵的参考，使其能够生成更具艺术感和品牌价值的设计。

5.1.5　Midjourney 生成品牌设计的提示词框架

当我们使用 Midjourney 进行专业设计的时候，给大家分享一个专门应用于品牌设计的提示词框架结构，如表 5-1-1 所示。

表 5-1-1　品牌应用提示词结构框架参照表

序号	关键词分类	关键词示例
1	图像类型（IMAGE_TYPE）	品牌（Brand），标志设计（Logo Design），插图设计（Illustration Design），广告设计（Advertising Design），包装设计（Packaging Design），网站设计（Web Design）
2	风格（GENRE）	商业（Business），时尚（Fashion），科技（Tech），自然（Natural），有机（Organic），现代（Modern），传统（Traditional），极简（Minimalist），豪华（Luxury）
3	情绪（EMOTION）	创新（Innovative），确定（Confident），优雅（Elegant），简单（Simple），温馨（Warm），冒险（Adventurous），平静（Calm），动态（Dynamic）
4	场景（SCENE）	企业标志设计（A Corporate Logo Design），餐饮包装设计（A Food Packaging Design），科技产品网站设计（A Tech Product Web Design），时尚插图设计（A Fashion Illustration Design）
5	地点类型（LOCATION_TYPE）	商业空间（Commercial Space），网络平台（Online Platform），实体商店（Physical Store），办公空间（Office Space）
6	特效（SPECIAL_EFFECTS）	扁平设计（Flat Design），渐变色（Gradient），3D 效果（3D Effect），手绘效果（Hand-drawn Effect），水彩效果（Watercolor Effect）
7	标签（TAGS）	企业（Corporate），食品（Food），科技（Tech），绿色环保（Eco-friendly），时尚（Fashion），健康（Health），教育（Education），旅行（Travel）

　　此表格只是一个参照，实际的关键词和风格根据具体的项目需求和目标受众会有所不同。在品牌设计中，理解目标受众的需求和期望是关键，因此可能需要深度研究关键词和类别。为了写出高效、有深度的提示词，掌握和理解这些细节关键词就显得至关重要。每一个关键词都是构成提示词的重要元素，它们明确了设计的方向、重点和细节。

　　在表 5-1-1 中，我们列出了 7 个关键词分类，包括图像类型、风格、情绪、场景、地点类型、特效和标签。这些关键词覆盖了品牌设计的主要方面，从大的类别（如图像类型和风格）到小的细节（如特效和标签）都有所体现。

　　例如，如果我们想要设计一个值得信赖的金融科技公司的标志，就可以在"情绪"（EMOTION）关键词类别中编写"值得信赖"（Trustworthy），在"场景"（SCENE）关键词中撰写我们想要设计的图形描述"一个金融机构的标志，采用简单的蓝色方块，内部有一个白色的勾选标记"，即"A logo for a financial institution using a simple blue square with a white check mark inside"。通过这种方式可以明确地告诉 Midjourney 我们的需求，从而获得精确的结果。整个提示词示例如下。

Prompt: IMAGE_TYPE: Logo design | GENRE: Minimalist | EMOTION: Trustworthy | SCENE: A logo for a financial institution using a simple blue square with a white check mark inside | TAGS: Minimalist logo, simplicity, cleanliness, two colors, straightforward design, financial institution, square, check mark, blue color, white color --ar 1:1 --v 5.2 --style raw

　　通过这个提示词，你可能已经注意到我们使用了大量的"|"作为不同分类的分隔符。这个符号可以帮助 Midjourney 精确地理解你的设计意图，同时由于 Midjourney 的高容错性，这种符号并不会对生成的图像效果产生负面影响。当你觉得编写这些分类关键词十分困难时，可以借助 ChatGPT 来筛选和组织适合自

己需求的关键词。

　　采用这种结构可以帮助 Midjourney 更好地理解你的需求，从而生成专业级别的设计作品。然而，Midjourney 的提示词并没有固定的写法，我们可以不断尝试和总结出更有效的撰写策略。若是觉得这种带有"|"符号的框架结构提示词过于复杂，可以使用前面章节中所教授的提示词撰写方法。

　　总的来说，掌握并精确使用这些细节关键词，能够帮助我们更好地与 Midjourney 进行沟通，使其更好地理解我们的需求，从而生成符合我们期望的设计。

5.1.6　品牌设计实例：Midjourney 的实际运用

1. 标识设计

Prompt: IMAGE_TYPE: Logo design | GENRE: Minimalist | EMOTION: Calm | SCENE: A logo for a luxury spa using a single line drawing of a lotus flower in soothing green color | TAGS: Minimalist logo, simplicity, cleanliness, one color, straightforward design, luxury spa, lotus flower, green color --ar 1:1 --v 5.2 --style raw

Prompt: IMAGE_TYPE: Logo design | GENRE: Minimalist | EMOTION: Peaceful | SCENE: A logo for a meditation app using a simple, circular wave design in tranquil blue color | TAGS: Minimalist logo, simplicity, cleanliness, one color, straightforward design, meditation app, wave design, blue color --ar 1:1 --v 5.2 --style raw

Prompt: IMAGE_TYPE: Logo design | GENRE: Minimalist | EMOTION: Luxurious | SCENE: A logo for a high-end fashion brand using a minimalist gold letter design | TAGS: Minimalist logo, simplicity, cleanliness, one color, straightforward design, high-end fashion brand, letter design, gold color --ar 1:1 --v 5.2 --style raw

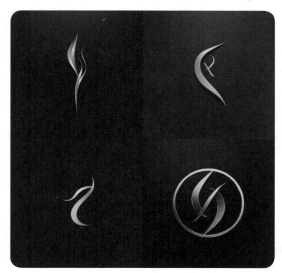

Prompt: IMAGE_TYPE: Logo design | GENRE: Modern | SCENE: A typography-based logo for a tech startup named "Futuroid", featuring a futuristic and sleek font | TAGS: Typography-Based Logos, Futuroid, modern, sleek, tech startup, unique font --ar 1:1 --v 5.2 --style raw

Prompt: IMAGE_TYPE: Branding | GENRE: Sports | EMOTION: Exciting | SCENE: A fierce eagle mascot logo for a competitive esports team, clutching a game controller in its talons | TAGS: Mascot logo, colorful, engaging, eagle, esports, competitive gaming --ar 1:1 --v 5.2 --style raw

Prompt:IMAGE_TYPE: Branding | GENRE: Food | EMOTION: Appetizing | SCENE: A friendly cow mascot logo for an organic dairy farm, with a backdrop of lush green fields | TAGS: Mascot logo, colorful, fun, engaging, cow, organic dairy farm --ar 1:1 --v 5.2 --style raw

2. 品牌物料设计

Prompt: IMAGE_TYPE: Branding Material | GENRE: Professional | EMOTION: Trustworthy | SCENE: A sleek and minimalistic design for brand representation. The design should be clean, professional, with a simple background subtly highlighting the product or service. Consistent color palette and bold typography should be used to convey a strong and memorable message | TAGS: Professional branding, sleek, minimalistic, clean background, bold typography, consistent color palette --ar 1:1 --v 5.2 --style raw

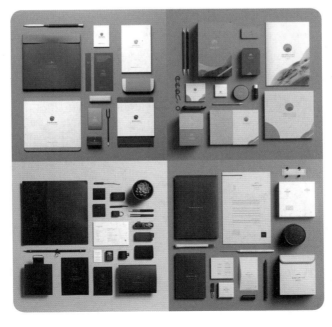

3. 名片设计

Prompt: IMAGE_TYPE: Business Card Design | GENRE: Minimalist | EMOTION: Professional | SCENE: A minimalist and professional business card for a financial institution. The front of the card will feature the institution's logo, which is a simple blue square with a white check mark inside. The back of the card should have room for a name, title, email, and phone number. | TAGS: Minimalist business card, simplicity, cleanliness, two-sided, financial institution, contact information, blue color, white color --ar 16:9 --v 5.2 --style raw

4. 信封设计

Prompt: IMAGE_TYPE: Envelope Design | GENRE: Minimalist | EMOTION: Trustworthy | SCENE: An envelope design for a financial institution. It should incorporate the logo, which is a simple blue square with a white check mark inside. The design should convey trust and professionalism. | TAGS: Minimalist design, simplicity, cleanliness, two colors, straightforward design, financial institution, square, check mark, blue color, white color, Envelope --ar 16:9 --v 5.2 --style raw

5. 工作证设计

Prompt: IMAGE_TYPE: ID Card Design | GENRE: Minimalist | EMOTION:

Trustworthy | SCENE: An ID card for a financial institution. It should incorporate the logo, which is a simple blue square with a white check mark inside. The design should convey trust and professionalism. | TAGS: Minimalist design, simplicity, cleanliness, two colors, straightforward design, financial institution, square, check mark, blue color, white color, ID Card --ar 1:1 --v 5.2 --style raw

6. 鼠标垫设计

Prompt: IMAGE_TYPE: Mouse Pad Design | GENRE: Minimalist | EMOTION: Trustworthy | SCENE: A mouse pad design for a financial institution. It should incorporate the logo, which is a simple blue square with a white check mark inside. The design should convey trust and professionalism. | TAGS: Minimalist design, simplicity, cleanliness, two colors, straightforward design, financial institution, square, check mark, blue color, white color, Mouse Pad --ar 16:9 --v 5.2 --style raw

7. 工作头盔设计

Prompt: IMAGE_TYPE: Safety Helmet Design | GENRE: Minimalist | EMOTION: Trustworthy | SCENE: A safety helmet design for a financial institution. It should incorporate the logo, which is a simple blue square with a white check mark inside.

The design should convey trust and safety. | TAGS: Minimalist design, simplicity, cleanliness, two colors, straightforward design, financial institution, square, check mark, blue color, white color, Safety Helmet. --ar 1:1 --v 5.2 --style raw

8. 工作服设计

Prompt:IMAGE_TYPE: Uniform Design | GENRE: Minimalist | EMOTION: Trustworthy | SCENE: Uniform designs for both men and women at a financial institution. The uniforms should incorporate the logo, which is a simple blue square with a white check mark inside. The designs should convey trust and professionalism. | TAGS: Minimalist design, simplicity, cleanliness, two colors, straightforward design, financial institution, square, check mark, blue color, white color, male uniform, female uniform --ar 16:9 --v 5.2 --style raw

9. 品牌吉祥物设计

Prompt: IMAGE_TYPE: Mascot Design | GENRE: Tech | EMOTION: Adorable | SCENE: An adorable 3D mascot design for a tech-oriented financial institution. The mascot should be a cute, loveable robot with large eyes and white pupils, embodying a strong techy feel. The design should incorporate the color scheme and simplicity of the logo, which is a simple blue square with a white check mark inside. The image should be in a 16:9 ratio. | TAGS: Adorable mascot, cute, robot, large eyes, white pupils, techy feel, simplicity, cleanliness, two colors, straightforward design, financial institution, square, check mark, blue color, white color, 3D cartoon effect --ar 16:9 --v 5.2 --style raw

10. 企业大楼外观设计

Prompt: IMAGE_TYPE: Office Building Render | GENRE: Minimalist | EMOTION: Trustworthy | SCENE: An office building render for a financial institution. It should incorporate the logo, which is a simple blue square with a white check mark inside. The design should convey trust and professionalism. | TAGS: Minimalist design, simplicity, cleanliness, two colors, straightforward design, financial institution, square, check mark, blue color, white color, Office Building Render --ar 16:9 --v 5.2 --style Raw

5.2　Midjourney 成为广告营销设计的新引擎

　　你是否经常为做不好广告和营销而发愁？在这个数字化的时代，广告和营销设计已成为企业的核心竞争力。高质量、创新和有吸引力的设计不仅能够吸引目标用户的注意，也能提高品牌的知名度，进一步提升销售业绩。Midjourney 为了解决企业在广告和营销设计上的需求，提供了更好的工具。

5.2.1　广告设计的艺术和科学

广告和营销设计，一般可以分为以下 6 个阶段。

◆ 设定目标。首先需要明确广告和营销活动的目标，比如提高品牌的知名度，吸引新用户，提升产品销售等。这个阶段还包括了解目标受众，以便更好地设计出与目标受众产生共鸣的广告内容。

◆ 研究市场和竞品。进行详细的市场和竞品分析，了解行业趋势，确定广告和营销策略。

◆ 创意概念和设计方向。进行创意构思，确定设计方向，需要满足广告目标和受众需求，并且具有独特性和创新性。

◆ 创作和修订。根据确定的设计方向，开始创作广告的视觉元素、文字内容等，并进行修订和优化，直至生成满意的设计稿。

◆ 制作和发布。完成广告设计后，进行制作和发布，在不同的媒介和平台进行推广。

◆ 数据监测评估和优化。发布后，需要对广告效果进行评估，如点击率、转化率等，并根据反馈进行优化。

5.2.2　Midjourney 破解广告营销设计的挑战

借助 Midjourney，我们可以解决广告和营销设计中的一些问题。

◆ 缺乏创新。通过 Midjourney，可以快速生成大量创新的设计概念和方案，提供丰富的设计灵感来源。

◆ 设计效率低。Midjourney 可以在短时间内生成大量设计稿，大大提高设计效率，缩短项目周期。

◆ 无法预测效果。Midjourney 的实时预览和试验功能，可以让设计师实时看到修改效果，有助于预测和优化设计效果。

◆ 设计不一致。Midjourney 可以确保在不同媒介和平台的广告设计中保持一致性，提高品牌的识别度。

5.2.3　Midjourney：广告设计的核心原则

我们在使用 Midjourney 进行广告和营销设计时，同样需要遵循一些设计原则。

◆ 易理解。广告设计需要简洁，易于理解，让用户快速抓住广告信息。

◆ 吸引人。广告需要有吸引力，能够引起目标用户的注意，产生好奇心或购买欲望。

◆ 有目标导向。广告设计需要有明确的目标导向，能引导用户实施期望的行动，比如点击链接、购买产品等。

◆ 与品牌一致。广告设计需要与品牌形象和品牌信息保持一致，增强品牌的辨识度和影响力。

5.2.4　如何用 Midjourney 生成广告设计提示词

Midjourney 可以生成许多风格迥异的艺术作品，这为设计师制作直观的广告插图和图表提供了便利。设计师只需要输入相关的提示词，如"快乐的家庭""数据增长"等，Midjourney 就能生成相应的插图和图表，大大提高了设计效率。这里为大家提供一个广告营销行业的关键词参考对照表，如表 5-2-1 所示。

表 5-2-1　广告营销应用提示词结构框架参照表

序号	关键词分类	关键词示例
1	图像类型（IMAGE_TYPE）	广告设计（Advertising Design），社交媒体设计（Social Media Design）， 邮件设计（Email Design），宣传册设计（Brochure Design），布告板设计（Billboard Design），网页设计（Web Design），产品包装设计（Product Packaging Design），商标设计（Logo Design）
2	行业（INDUSTRY）	商业（Business），生活（Lifestyle），时尚（Fashion），科技（Tech）， 健康（Health），旅游（Travel），食品（Food），娱乐（Entertainment），环保（Environmental），金融（Financial），教育（Educational），非营利（Nonprofit）
3	情绪（EMOTION）	创新（Innovative），乐观（Optimistic），动态（Dynamic），确定（Confident），亲和（Warm），迷人（Charming），兴奋（Exciting），专业（Professional），强大（Powerful），热情（Passionate），平静（Calm），高兴（Happy）
4	场景（SCENE）	餐饮广告设计（A Food Advertising Design），科技产品邮件设计（A Tech Product Email Design），时尚品牌社交媒体设计（A Fashion Brand Social Media Design），旅游宣传册设计（A Travel Brochure Design）

续表

序号	关键词分类	关键词示例
5	地点类型（LOCATION_TYPE）	商业空间（Commercial Space），网络平台（Online Platform），商店（Store），公司（Office），展览（Exhibition），市场（Market），工作室（Studio），酒店（Hotel）
6	特效（SPECIAL_EFFECTS）	动态效果（Dynamic Effects），渐变色（Gradient），图形模式（Patterned），扁平（Flat），3D 效果（3D Effect），矢量（Vector），手绘（Hand-drawn），插图（Illustration），照片（Photo），混合（Mixed Media）
7	标签（TAGS）	商业（Corporate），食品（Food），科技（Tech），环保（Eco-friendly），时尚（Fashion），健康（Health），旅游（Travel），娱乐（Entertainment），金融（Financial），教育（Educational），非营利（Nonprofit），社区（Community）

比如，我们想用 Midjourney 生成一个汉堡产品的线上广告，就可以在"图像类型"（IMAGE_TYPE）关键词类别中编写"广告设计"（Advertising Design），在"行业"（INDUSTRY）里编写"食品"（Food），在"地点类型"（LOCATION_TYPE）里编写"网络平台"（Online Platform），在"场景"（SCENE）里编写"一个美味汉堡的餐饮广告设计"（A restaurant ad design for a gourmet burge），这样我们就会得到如下提示词和生成效果。

Prompt: IMAGE_TYPE: Advertising Design | INDUSTRY: Food | EMOTION: Appetizing | SCENE: An enticing advertisement design of a delectable burger placed against the background of a bustling city diner | LOCATION_TYPE: Online Platform | SPECIAL_EFFECTS: 3D Effect, Dynamic Effects | TAGS: Food, Dynamic, Urban, Tasty --ar 16:9 --v 5.2 --style raw

5.2.5　Midjourney 在广告营销应用示例

这一节我们将通过汉堡食品广告营销物料设计示例来演示 Midjourney 在广

告营销方面的应用。当然，不论你的产品或服务是什么，都可以使用 Midjourney 进行相应的广告营销设计。你只需要参考本章第 5.2.4 小节所讲解的关于如何构建有效的提示词，将其替换为你所需的产品类型和使用场景，便可针对自己的需求进行设计。

1. DM 电子邮件广告设计

Prompt: IMAGE_TYPE: Email Design | INDUSTRY: Food | EMOTION: Appetizing | SCENE: An inviting email design promoting a new burger special at a popular diner | LOCATION_TYPE: Online Platform | SPECIAL_EFFECTS: Dynamic Effects | TAGS: Food, Burger, Promotion --ar 1:1 --v 5.2 --style raw

2. 网站横幅广告

Prompt: IMAGE_TYPE: Web Design | INDUSTRY: Food | EMOTION: Exciting | SCENE: A mouth-watering website banner showcasing the burger of the month | LOCATION_TYPE: Online Platform | SPECIAL_EFFECTS: 3D Effect | TAGS: Food,

Burger, Website banner --ar 4:1 --v 5.2 --style raw

3. 数据图表设计

Prompt: IMAGE_TYPE: Data Visualization | INDUSTRY: Food | EMOTION: Confident | SCENE: An informative data chart indicating popularity of different burgers at the restaurant | LOCATION_TYPE: Online Platform | SPECIAL_EFFECTS: Vector | TAGS: Food, Burger, Data --ar 1:1 --v 5.2 --style raw

4. 价格菜单表设计

Prompt: IMAGE_TYPE: Menu Design | INDUSTRY: Food | EMOTION: Appealing | SCENE: A visually compelling menu design featuring a range of delicious burgers | LOCATION_TYPE: Commercial Space | SPECIAL_EFFECTS: Hand-drawn | TAGS: Food, Burger, Menu --ar 1:1 --v 5.2 --style raw

5. 电视广告设计

Prompt: IMAGE_TYPE: TV Commercial Design | INDUSTRY: Food | EMOTION: Exciting | SCENE: A dynamic TV commercial design promoting a unique burger recipe | LOCATION_TYPE: Commercial Space | SPECIAL_EFFECTS: 3D Effect, Dynamic Effects | TAGS: Food, Burger, TV Commercial --ar 16:9 --v 5.2 --style raw

6. 灯箱广告设计

Prompt: IMAGE_TYPE: Billboard Design | INDUSTRY: Food | EMOTION: Inviting | SCENE: An eye-catching lightbox ad tempting passers-by with a succulent burger | LOCATION_TYPE: Commercial Space | SPECIAL_EFFECTS: 3D Effect, Dynamic Effects | TAGS: Food, Burger, Lightbox ad --ar 16:9 --v 5.2 --style raw

7. 杂志广告设计

Prompt: IMAGE_TYPE: Advertising Design | INDUSTRY: Food | EMOTION: Exciting | SCENE: A vibrant full-page magazine ad that features a tantalizing image of a gourmet burger along with compelling text layout and a catchy slogan to attract food lovers | LOCATION_TYPE: Print Media | SPECIAL_EFFECTS: Photo, Typography, Illustration | TAGS: Food, Burger, Magazine Ad, Creative Layout, Advertising Slogan --ar 27:20 --v 5.2 --style raw

5.3　Midjourney 在摄影行业的应用

摄影已经成为讲述故事、传递情感、展示视觉美学的重要方式。Midjourney 作为一款强大的人工智能绘画工具，越来越广地应用于摄影行业。

5.3.1　摄影：捕捉生活的艺术

摄影创作由以下五个步骤组成。

◆ 洞察需求。摄影师在创作开始时需要揭示和明确拍摄对象与主题特性，以及预期的观众响应。

◆ 创意构思。在这个阶段，摄影师将根据主题和观众反馈构想拍摄的基本框架和方向，并形成初步的拍摄计划。

◆ 构图与拍摄。摄影师将根据创意构思进行布景和拍摄，其中可能包含多次尝试和优化。

◆ 修图与后期处理。拍摄完成后，摄影师会对照片进行后期处理，如色彩调整、裁剪等，进一步优化视觉效果。

◆ 展示与交流。完成的照片将被交付给客户，同时做好与客户的交流，收集反馈，为下一次创作提供参考。

5.3.2　Midjourney 解决摄影中的哪些问题

Midjourney 主要可以解决摄影行业里一些长期存在的挑战。

◆ 艺术表达形式的创新。Midjourney 可以生成实拍图像和创意图像，为摄影师提供更广阔的创作空间。无论是想要直观地呈现拍摄对象，还是想要通过抽象的创意图像表达内心的情感，Midjourney 都能帮助摄影师实现创作目标。

◆ 技术创新。有了 Midjourney，摄影师能够生成无法实拍的图像，极大地扩展了摄影的可能性。比如，摄影师可以利用 Midjourney 创造出在现实中无法实现的光线效果，或者模拟特定环境下的拍摄效果。

◆ 模拟拍摄效果。通过 Midjourney 生成样机照片，可以帮助摄影师在没有实物样机的情况下进行拍摄工作，大大提升了工作效率。这对于产品摄影和商业摄影来说尤其有用，因为这类摄影经常需要在样机到达之前完成拍摄计划。

◆ 验证摄影场景，节约大量成本。Midjourney 能够验证摄影场景，可以让摄影师在实际拍摄之前预见拍摄效果。因此他们不必对每一次拍摄进行布景，可以根据预见效果提前调整拍摄计划，节约大量的试错时间和金钱成本。

◆ 作品一致性。Midjourney 可以模拟旧照片，这对于需要保持一致风格的摄影项目来说非常有用。比如，在时尚摄影中，摄影师可以利用 Midjourney 保持整个系列照片的复古风格。

通过这些功能，Midjourney 确实解决了摄影过程中的许多问题，提供了强大的创作支持。

5.3.3　Midjourney 在摄影行业的应用原则

当我们使用 Midjourney 进行摄影创作时，有以下基本原则需要遵循。

◆ 以观众为本。在创作过程中，始终以观众的需求和体验为中心，确保摄影作品能够引起观众的共鸣。

◆ 结合实用性与艺术性。摄影作品既要表达主题，又要展现摄影师的艺术观念，形成独特的个人风格和视觉体验。

◆ 适应市场变化。摄影作品要灵活应对市场变化和观众需求的变化，不断更新和优化。

◆ 注重创新。摄影作品要注重创新，挑战传统，为观众提供独一无二的视觉享受。

5.3.4　如何用 Midjourney 生成摄影艺术的提示词

用 Midjourney 辅助摄影，依然要从撰写符合需求的提示词开始，而写好提示词的关键就是掌握提示词的语法结构和控制各种分类细节效果的关键词。下面这份摄影行业提示词参考（见表 5-3-1）可以帮助你写出专业的提示词。

表 5-3-1　摄影行业应用提示词结构框架参照表

序号	关键词分类	关键词示例
1	图像类型（IMAGE_TYPE）	人像摄影（Portrait Photography），风景摄影（Landscape Photography），纪实摄影（Documentary Photography），建筑摄影（Architectural Photography），宏观摄影（Macro Photography），产品摄影（Product Photography），婚礼摄影（Wedding Photography）
2	风格（GENRE）	黑白（Black and White），彩色（Color），现代（Modern），复古（Vintage），抽象（Abstract），街头（Street），气氛（Atmosphere），极简（Minimalist）
3	情绪（EMOTION）	快乐（Joy），悲伤（Sadness），平静（Calm），惊讶（Surprise），思考（Thoughtful），紧张（Tense），安静（Quiet），疲倦（Tired）
4	场景（SCENE）	山（Mountain），森林（Forest），城市（City），建筑物（Building），婚礼（Wedding），街头（Street），自然景观（Natural Landscape），产品（Product）
5	参与者（ACTORS）	人物（Model），动物（Animal），自然（Nature），建筑（Building），产品（Product），人群（Crowd）
6	地点类型（LOCATION_TYPE）	山（Mountain），城市（City），森林（Forest），建筑物（Building），室内（Interior），室外（Outdoor）
7	相机型号（CAMERA_MODEL）	Canon EOS R6，Nikon D850，Sony A7R IV，Fujifilm X-T4，Hasselblad H6D-100c
8	镜头（CAMERA_LENS）	50mm f/1.8，24-70mm f/2.8，70-200mm f/2.8，85mm f/1.4，100mm Macro f/2.8

续表

序号	关键词分类	关键词示例
9	特效（SPECIAL_EFFECTS）	黑白（Black and White），彩色（Color），高对比度（High Contrast），暗角（Vignette），长时间曝光（Long Exposure），高动态范围（HDR）
10	标签（TAGS）	人像摄影（Portrait Photography），风景摄影（Landscape Photography），纪实摄影（Documentary Photography），建筑摄影（Architectural Photography），宏观摄影（Macro Photography），产品摄影（Product Photography），婚礼摄影（Wedding Photography）

我们在用 Midjourney 生成摄影图像的时候，首先要确定摄影的类型和风格。例如，我们想用 Midjourney 生成一张表现大自然的风景摄影图像，可以在"图像类型"（IMAGE_TYPE）中编写"风景摄影"（Landscape Photography），然后在"风格"（GENRE）类别里选择"彩色"（Color）。接着确定摄影图像的情绪，假设我们希望观者看到这张照片后会感到宁静，那么我们就在"情绪"（EMOTION）类别里编写"平静"（Calm）。与前面两小节不同的是，摄影图像里有时会出现人物或动物，所以可以在"场景"（SCENE）类别里编写"森林"（Forest），并在"参与者"（ACTORS）类别里编写"动物"（Animal）。地点类型可以帮助我们具体定位场景，因此可以在"地点类型"（LOCATION_TYPE）里编写"森林"（Forest）。接下来，我们可以选择摄影设备。"相机型号"（CAMERA_MODEL）类别里可以选择"Canon EOS R6"，"镜头"（CAMERA_LENS）类别里可以选择"70-200mm f/2.8"。特效可以增加照片的视觉效果。在"特效"（SPECIAL_EFFECTS）类别里，可以选择"高动态范围"（HDR）。最后，我们得到下面这个提示词。

Prompt: IMAGE_TYPE: Landscape Photography | GENRE: Color | EMOTION: Calm | SCENE: Forest | ACTORS: Animal | LOCATION_TYPE: Forest | CAMERA_MODEL: Canon EOS R6 | CAMERA_LENS: 70-200mm f/2.8 | SPECIAL_EFFECTS: HDR | TAGS: Landscape Photography

这个提示词告诉 Midjourney 我们想生成一张彩色的、能给人带来平静感的风景摄影，场景是森林，参与者有动物，拍摄设备是佳能 EOS R6 配 70—200mm f/2.8 的镜头，图片带有高动态范围（HDR）的效果。

5.3.5 Midjourney 在摄影行业应用示例

1. 人像摄影

Prompt: IMAGE_TYPE: Portrait Photography | GENRE: Color | EMOTION: Joy | SCENE: A Model in a beautiful cityscape during golden hour | ACTORS: Model | LOCATION_TYPE: City | CAMERA_MODEL: Canon EOS R6 | CAMERA_LENS: 85mm f/1.4 | SPECIAL_EFFECTS: High Contrast | TAGS: Portrait Photography, City, Joyful --ar 3:2 --v 5.2 --style raw

2. 纪实摄影

Prompt: IMAGE_TYPE: Documentary Photography | GENRE: Black and White | EMOTION: Thoughtful | SCENE: Street vendors in a bustling market | ACTORS: Crowd | LOCATION_TYPE: Market | CAMERA_MODEL: Nikon D850 | CAMERA_LENS: 24-70mm f/2.8 | SPECIAL_EFFECTS: High Contrast | TAGS: Documentary Photography, Market, Life --ar 3:2 --v 5.2 --style raw

3. 婚礼摄影

Prompt: IMAGE_TYPE: Wedding Photography | GENRE: Color | EMOTION: Happy | SCENE: A happy couple exchanging vows in a beautiful garden | ACTORS: Bride, Groom | LOCATION_TYPE: Outdoor | CAMERA_MODEL: Sony A7R IV | CAMERA_LENS: 70-200mm f/2.8 | SPECIAL_EFFECTS: Soft Focus | TAGS: Wedding Photography, Couple, Love --ar 3:2 --v 5.2 --style raw

4. 新闻摄影

Prompt: IMAGE_TYPE: News Photography | GENRE: Color | EMOTION: Tense | SCENE: Protestors on a city street | ACTORS: Crowd | LOCATION_TYPE: City | CAMERA_MODEL: Fujifilm X-T4 | CAMERA_LENS: 24-70mm f/2.8 | SPECIAL_EFFECTS: High Contrast | TAGS: News Photography, Protest, City --ar 3:2 --v 5.2 --style raw

5. 产品摄影

Prompt: IMAGE_TYPE: Product Photography | GENRE: Color | EMOTION: Exciting |

*SCENE: A high tech gadget in a minimalistic setup | ACTORS: Product | LOCATION_*
TYPE: Studio | CAMERA_MODEL: Hasselblad H6D-100c | CAMERA_LENS: 100mm
Macro f/2.8 | SPECIAL_EFFECTS: High Contrast | TAGS: Product Photography,
Tech, Modern --ar 3:2 --v 5.2 --style raw

6. 航空摄影

Prompt: IMAGE_TYPE: Aerial Photography | GENRE: Color | EMOTION: Awe |
*SCENE: A scenic coastline from a bird's-eye view | ACTORS: Nature | LOCATION_*
TYPE: Coast | CAMERA_MODEL: Sony A7R IV | CAMERA_LENS: 24-70mm f/2.8 |
SPECIAL_EFFECTS: High Dynamic Range | TAGS: Aerial Photography, Coast,
Breathtaking --ar 16:9 --v 5.2 --style raw

7. 家庭摄影

Prompt: IMAGE_TYPE: Family Photography | GENRE: Color | EMOTION: Joy |
*SCENE: A happy family enjoying a picnic in a park | ACTORS: Family | LOCATION_*

TYPE: Park | CAMERA_MODEL: Canon EOS R6 | CAMERA_LENS: 50mm f/1.8 | SPECIAL_EFFECTS: Soft Focus | TAGS: Family Photography, Joy, Love --ar 3:2 --v 5.2 --style raw

8. 抽象摄影

Prompt: IMAGE_TYPE: Abstract Photography | GENRE: Black and White | EMOTION: Surprise | SCENE: A close-up of patterns and textures in nature | ACTORS: Nature | LOCATION_TYPE: Outdoor | CAMERA_MODEL: Nikon D850 | CAMERA_LENS: 100mm Macro f/2.8 | SPECIAL_EFFECTS: High Contrast | TAGS: Abstract Photography, Patterns, Nature --ar 3:2 --v 5.2 --style raw

9. 地理摄影

*Prompt: IMAGE_TYPE: Geographic Photography | GENRE: Color | EMOTION: Calm | SCENE: A tranquil lake surrounded by towering mountains | ACTORS: Nature | LOCATION_TYPE: Mountains | CAMERA_MODEL: Fujifilm X-T4 | CAMERA_*

LENS: 24-70mm f/2.8 | SPECIAL_EFFECTS: Long Exposure | TAGS: Geographic Photography, Mountains, Tranquil --ar 16:9 --v 5.2 --style raw

10. 旅行摄影

Prompt: IMAGE_TYPE: Travel Photography | GENRE: Color | EMOTION: Exciting | SCENE: A bustling bazaar in a historical city | ACTORS: Crowd | LOCATION_TYPE: City | CAMERA_MODEL: SonyA7R IV | CAMERA_LENS: 24-70mm f/2.8 | SPECIAL_ EFFECTS: High Dynamic Range | TAGS: Travel Photography, Bazaar, City Life --ar 3:2 --v 5.2 --style raw

5.4　Midjourney 在产品设计中的应用

　　数字化时代，产品设计已经成为引导业务增长，优化用户体验，提升品牌价值的核心驱动力。Midjourney 作为一款出色的人工智能创作工具，在产品设计中扮演着非常重要的角色。

5.4.1 产品设计的创新之道

Midjourney 能根据输入的提示词生成多种独特的设计元素，设计师可以从中提取灵感，用于产品的外观设计。通过不断调整提示词，设计师能获得多种可能性，从而创新出众的产品外观设计，让产品在众多竞品中脱颖而出。

产品设计过程通常可以分为 5 个关键阶段。

◆ 需求分析。在设计的开始阶段，产品设计师需要理解和明确产品的目标用户和市场需求，形成全面的用户产品需求和使用场景的分析。

◆ 概念开发。这个阶段设计师将根据用户需求和市场趋势，提出产品设计的初始概念和方向，形成初步的设计草图。

◆ 设计和原型。接下来，设计师将基于初始概念进一步详细设计，并创建产品原型。这个过程中可能进行多次设计修改和优化。

◆ 测试和评估。完成产品原型后，需要进行用户测试和评估，根据反馈信息优化设计。

◆ 产品发布。当产品设计被认为满足用户需求和市场预期时，产品就可以被生产和发布出来。

5.4.2 Midjourney 解决产品设计中的挑战

Midjourney 也可以应用在 3D 模型和渲染图的制作上。设计师可以输入具体的产品特性和要求，如"金属质感""光滑曲线"等，Midjourney 可以根据提示词生成符合要求的设计元素，设计师再将这些元素运用到产品 3D 模型的设计和渲染中，从而制作出生动逼真的产品 3D 模型和渲染图。

Midjourney 能够帮助设计师在产品设计中解决以下问题。

◆ 缺乏创新。Midjourney 可以快速生成一系列创新的设计概念，为设计师提供灵感来源。

◆ 设计效率低。Midjourney 可以快速产出设计草图，大大提升设计效率，加快产品上市的速度。

◆ 设计效果无法预测。Midjourney 的实时预览和试验功能，可以让设计师在设计过程中实时看到修改效果，有助于预测和优化设计效果。

◆ 设计不一致。Midjourney 可以帮助设计师保持整个产品系列设计的一致性，提升品牌形象。

5.4.3　Midjourney 产品设计的核心原则

使用 Midjourney 进行产品设计，同样需要遵循一些基本原则。

◆ 以用户为中心。设计产品时始终要将用户的需求和体验放在第一位，确保产品设计能解决用户的问题。

◆ 功能性和美观性相结合。产品设计应兼顾功能性和美观性，形成独特的产品特色和品牌识别度。

◆ 适应市场变化。产品设计需要灵活适应市场变化和用户需求的变化，不断进行优化和更新。

◆ 创新。产品设计需要有创新性，打破常规，为用户提供独特的产品体验。

5.4.4　如何用 Midjourney 生成产品设计的提示词

使用 Midjourney 生成高品质的产品设计图像是一项极具创新性的探索，大大提高了设计师的工作效率并激发了他们的创意思维。通过输入相应的提示词，如"现代家具设计"或"可持续产品设计"，Midjourney 可以快速生成相应的设计图像。

接下来我们将学习如何撰写 Midjourney 产品设计提示词，开始学习之前我们还是先认识一下行业关键词，表 5-4-1 是产品设计行业的关键词参照表。

表 5-4-1　产品设计行业应用提示词结构框架参照表

序号	关键词分类	关键词示例
1	图像类型（IMAGE_TYPE）	产品设计（Product Design），包装设计（Packaging Design），手工艺设计（Handcraft Design），家居设计（Home Decor Design），家具设计（Furniture Design），玩具设计（Toy Design），时尚配件设计（Fashion Accessory Design），首饰设计（Jewelry Design）
2	风格（GENRE）	现代（Modern），迷你（Minimalist），工业（Industrial），传统（Traditional），美学（Aesthetic），可持续（Sustainable），复古（Vintage），手工（Handmade），摩登（Mid-century），自然（Organic），风格化（Stylized），抽象（Abstract）
3	情绪（EMOTION）	创新（Innovative），老式（Vintage），简单（Simple），优雅（Elegant），舒适（Comfortable），奢华（Luxurious），生态（Eco-friendly），典雅，（Classic），现代（Modern），独特（Unique），严肃（Serious），乐趣（Fun）

续表

序号	关键词分类	关键词示例
4	场景（SCENE）	现代家具设计（A Modern Furniture Design），手工艺品设计（A Handcraft Design），可持续产品设计（A Sustainable Product Design），复古玩具设计（A Vintage Toy Design）
5	地点类型（LOCATION_TYPE）	工作室（Studio），展览（Exhibition），商店（Store），工厂（Factory），网络平台（Online Platform）
6	特效（SPECIAL_EFFECTS）	立体模型（3D Model），手绘效果（Hand-drawn Effect），照片效果（Photo-realistic），概念效果（Conceptual），扁平（Flat），矢量（Vector），抽象（Abstract），插图（Illustration），混合（Mixed Media）
7	标签（TAGS）	现代（Modern），手工（Handmade），美学（Aesthetic），可持续（Sustainable），工业（Industrial），传统（Traditional），老式（Vintage），舒适（Comfortable），优雅（Elegant），生态（Eco-friendly），严肃（Serious）乐趣（Fun）

在撰写 Midjourney 提示词时，我们先要确定的是"图像类型"（IMAGE_TYPE）。例如，如果我们想要设计一张现代风格的椅子，可以选择"产品设计"（Product Design）。接着可以从"体裁"（GENRE）中选择我们需要的风格，这里我们选择"现代"（Modern）。在"情绪"（EMOTION）中，我们可以选择"创新"（Innovative）和"简单"（Simple）来表示我们想要的设计感。在"场景"（SCENE）中，可以具体描述我们想要设计的对象和样式，比如我们想设计一张极具有现代感的椅子，这里就可以写一句"现代家具椅设计"（A Modern Furniture Design of a Chair）。"地点类型"（LOCATION_TYPE）可以根据需要选择。例如，我们这里选择"工作室"（Studio），意味着这是在工作室环境中进行的设计。对于"特效"（SPECIAL_EFFECTS），我们选择"立体模型"（3D Model），这将为我们的设计增添立体感和真实感。在"标签"（TAGS）中，我们可以根据设计需求和目标客户群体选择适合的标签，比如"现代"（Modern）和"创新"（Innovative）。

这样我们可以得到以下提示词。

Prompt: IMAGE_TYPE: Product Design | GENRE: Modern | EMOTION: Innovative, Simple | SCENE: A Modern Furniture Design of a Chair | LOCATION_TYPE: Studio | SPECIAL_EFFECTS: 3D Model | TAGS: Modern, Innovative --ar 1:1 --v 5.2 --style raw

　　这个提示词将帮助我们生成一张现代风格的椅子的 **3D** 设计图像。通过调整和组合这些关键词，我们可以生成各种风格和类型的产品设计图像，为我们的创新设计提供无限的可能性。

5.4.5　Midjourney 产品设计示例

1. 耳机

Prompt: IMAGE_TYPE: Product Design | GENRE: Modern | EMOTION: Innovative, Simple | SCENE: A sleek headphone design | LOCATION_TYPE: Studio | SPECIAL_ EFFECTS: 3D Model, Photo-realistic | TAGS: Tech, Music, Modern, Innovative --ar 1:1 --v 5.2 --style raw

2. 珠宝

Prompt: IMAGE_TYPE: Jewelry Design | GENRE: Luxury | EMOTION: Elegant, Luxurious | SCENE: A sophisticated jewelry design | LOCATION_TYPE: Exhibition | SPECIAL_EFFECTS: 3D Model, Photo-realistic | TAGS: Luxury, Elegance, Shiny, Precious --ar 1:1 --v 5.2 --style raw

3. 玩具

Prompt: IMAGE_TYPE: Toy Design | GENRE: Fun | EMOTION: Joyful, Fun | SCENE: A playful toy design | LOCATION_TYPE: Studio | SPECIAL_EFFECTS: 3D Model, Hand-drawn Effect | TAGS: Playful, Fun, Kid-friendly, Colorful --ar 1:1 --v 5.2 --style raw

4. 服饰

Prompt: IMAGE_TYPE: Fashion Accessory Design | GENRE: Modern | EMOTION: Stylish, Unique | SCENE: A trendy clothing design | LOCATION_TYPE: Studio | SPECIAL_EFFECTS: Photo-realistic, Conceptual | TAGS: Modern, Fashion, Trendy, Stylish --ar 1:1 --v 5.2 --style raw

5. 手表

Prompt: IMAGE_TYPE: Product Design | GENRE: Classic | EMOTION: Elegant, Timeless | SCENE: A classic watch design | LOCATION_TYPE: Studio | SPECIAL_ EFFECTS: 3D Model, Photo-realistic | TAGS: Classic, Timeless, Elegant, Sophisticated --ar 1:1 --v 5.2 --style raw

6. 鞋子

Prompt: IMAGE_TYPE: Product Design | GENRE: Modern | EMOTION: Comfortable, Stylish | SCENE: A stylish and comfortable shoe design | LOCATION_TYPE: Studio | SPECIAL_EFFECTS: 3D Model, Photo-realistic | TAGS: Modern, Comfortable, Stylish, Footwear --ar 1:1 --v 5.2 --style raw

7. 箱包

Prompt: IMAGE_TYPE: Product Design | GENRE: Minimalist | EMOTION: Simple, Elegant | SCENE: A minimalist bag design | LOCATION_TYPE: Studio | SPECIAL_EFFECTS: 3D Model, Photo-realistic | TAGS: Minimalist, Simple, Elegant, Practical --ar 1:1 --v 5.2 --style raw

8. 家具

Prompt: IMAGE_TYPE: Furniture Design | GENRE: Mid-century | EMOTION: Comfortable, Classic | SCENE: A comfortable and classic furniture design | LOCATION_TYPE: Studio | SPECIAL_EFFECTS: 3D Model, Photo-realistic | TAGS: Comfortable, Classic, Furniture, Mid-century --ar 1:1 --v 5.2 --style raw

5.5　Midjourney 在建筑和室内设计中的应用

在建筑和室内设计中，我们可以借助 Midjourney 快速形成设计概念，创造新的设计形式，打造美观的景观设计，制作出细致的 3D 模型和渲染图。在提示词中，当加入如"未来主义""生态可持续"等关键词时，会生成多种独特的设计元素，我们可以从中获取灵感，形成自己的建筑设计概念。这种方式不仅可以提高设计效率，还能促进设计的创新性和独特性。

5.5.1　Midjourney 点燃设计新的创造力

Midjourney 通过解读输入的关键词，可以生成一系列引人入胜的设计元素。

设计师可以从这些元素中吸取灵感，创新出独特风格和感受的建筑和室内设计。通过微调关键词，设计师能在无限的可能性中捕捉到那些真正能让他们的作品独树一帜的灵感。

建筑和室内设计的过程大致可以划分为 5 个阶段。

◆ 研究和探索。首先设计师需要了解客户的需求和期待，然后根据这些信息创建出全面的设计概念。

◆ 概念演进。设计师在此阶段将根据客户需求和市场趋势，制定出初始设计概念，同时形成初步的设计草图。

◆ 设计方案。基于初始概念，设计师将进一步将设计细化，并创建建筑或室内设计的效果图和施工图纸。在这个过程中，可能多次进行设计调整和优化。

◆ 用户反馈和评估。设计方案完成后，设计师需要收集和分析客户反馈，根据反馈信息进一步优化设计。

◆ 最终实施。当设计满足客户需求和市场期待后，最后就是执行施工阶段，此时设计最终从草图变为实际的建筑或室内空间。

5.5.2 Midjourney 在建筑和设计中的解决方案

在建筑和室内设计中，Midjourney 能为设计师提供巨大的帮助。设计师可以输入具体的设计需求，如"现代简洁""温馨自然"等，Midjourney 会根据需求生成相应的设计元素。设计师再将这些元素融入建筑或室内设计中，以此创造出引人注目的设计。

借助 Midjourney，设计师能够解决如下问题。

◆ 创新匮乏。Midjourney 可以快速生成一系列新颖的设计理念，提供丰富的灵感源泉。

◆ 设计效率不高。Midjourney 能够快速出图，大幅提升设计效率，缩短项目周期。

◆ 设计效果难以预测。Midjourney 的实时预览和试验功能，可以让设计师在设计过程中实时看到修改效果，避免了设计失败的风险。

◆ 设计风格不统一。Midjourney 可以帮助设计师在整个设计过程中保持一致的设计语言，营造出统一而协调的视觉感受。

5.5.3 Midjourney 在建筑和室内设计中的原则

使用 Midjourney 进行建筑和室内设计，设计师需要遵循以下原则。

◆ 客户至上。始终将客户的需求和体验放在首位，确保设计能满足客户的实际需求。

◆ 功能与美观并重。设计既要实用，又要有美感，创建出真正属于客户的空间。

◆ 灵活应变。设计需要根据市场的变化和用户需求的变动进行调整，保持设计的新鲜感和吸引力。

◆ 勇于创新。设计需要打破常规，创新出独特的设计风格和体验，为用户提供新颖的空间感受。

Midjourney 以独特的能力，极大地推动了建筑和室内设计的发展，使得设计不再只是设计师的专业技能，而是成为每个人都能参与和体验的创造过程。

5.5.4 如何使用 Midjourney 生成建筑和室内设计的提示词

Midjourney 可以生成一系列的建筑和室内设计图，为设计师或建筑师提供视觉化参考。用户只需要根据以下关键词分类（见表 5-5-1），输入相关的提示词，如"现代住宅设计"或"城市规划设计"等，Midjourney 就能生成相应的设计效果图。

表 5-5-1 建筑和室内设计行业应用提示词结构框架参照表

序号	关键词分类	关键词示例
1	图像类型（IMAGE_TYPE）	建筑设计（Architectural Design），室内设计（Interior Design），景观设计（Landscape Design），城市规划（Urban Planning），结构设计（Structural Design），照明设计（Lighting Design），家具设计（Furniture Design），家庭装饰（Home Decor Design）
2	风格（GENRE）	现代（Modern），工业（Industrial），传统（Traditional），美学（Aesthetic），可持续（Sustainable），复古（Vintage），自然（Organic），风格化（Stylized），抽象（Abstract），极简（Minimalist），高科技（High-tech），古典（Classical），装饰艺术（Art Deco），哥特（Gothic）
3	情绪（EMOTION）	创新（Innovative），老式（Vintage），简单（Simple），优雅（Elegant），舒适（Comfortable），奢华（Luxurious），生态（Eco-friendly），典雅（Classic），现代（Modern），独特（Unique），宁静（Serene），动态（Dynamic）

续表

序号	关键词分类	关键词示例
4	场景（SCENE）	现代住宅设计（A Modern Residential Design），城市规划设计（An Urban Planning Design），风景园林设计（A Landscape Garden Design），古典式建筑设计（A Classical Architecture Design）
5	地点类型（LOCATION_TYPE）	城市（Urban），郊区（Suburban），乡村（Rural），海滨（Coastal），山地（Mountain），沙漠（Desert），森林（Forest），湖边（Lakeside）
6	特效（SPECIAL_EFFECTS）	立体模型（3D Model），手绘效果（Hand-drawn Effect），照片效果（Photo-realistic），概念效果（Conceptual），扁平（Flat），矢量（Vector），抽象（Abstract），插图（Illustration），混合（Mixed Media）
7	标签（TAGS）	现代（Modern），美学（Aesthetic），可持续（Sustainable），工业（Industrial），传统（Traditional），老式（Vintage），舒适（Comfortable），优雅（Elegant），生态（Eco-friendly），典雅（Classic），现代（Modern），独特（Unique），宁静（Serene），动态（Dynamic）

以现代住宅设计为例，我们需要生成一张展示现代化设计，明亮而简单，坐落在城市中的住宅图像。我们可以在"图像类型"（IMAGE_TYPE）中选择"建筑设计"（Architectural Design），在"风格"（GENRE）类型中选择"现代"（Modern），在"情绪"（EMOTION）类型中选择"简单"（Simple），在"场景"（SCENE）类型中选择"现代住宅设计"（A Modern Residential Design），在"地点类型"（LOCATION_TYPE）中选择"城市"（Urban），最后在"特效"（SPECIAL_EFFECTS）类型中选择"立体模型"（3D Model），生成的提示词如下。

Prompt: IMAGE_TYPE: Architectural Design | GENRE: Modern | EMOTION: Simple | SCENE: A Modern Residential Design | LOCATION_TYPE: Urban | SPECIAL_EFFECTS: 3D Model | TAGS: Modern, Simple, Urban, 3D Model --ar 16:9 --v 5.2 --style raw

将提示词输入 **Midjourney** 中，就能生成一张专业级别的现代住宅设计图像。通过同样的方式，可以根据你的项目需要，灵活地选择关键词，生成各种建筑和室内设计图像，极大地提高设计效率和准确性。

5.5.5　Midjourney 在建筑和室内设计应用示例

1. 现代住宅

Prompt: IMAGE_TYPE: Architectural Design | GENRE: Modern | EMOTION: Comfortable | SCENE: A Modern Residential Design | LOCATION_TYPE: Suburban | SPECIAL_EFFECTS: 3D Model | TAGS: Modern, Comfortable, Suburban, 3D Model --ar 16:9 --v 5.2 --style raw

2. 城市规划

Prompt: IMAGE_TYPE: Urban Planning | GENRE: Sustainable | EMOTION: Dynamic | SCENE: An Urban Planning Design | LOCATION_TYPE: Urban | SPECIAL_ EFFECTS: Conceptual | TAGS: Sustainable, Dynamic, Urban, Conceptual --ar 16:9 --v 5.2 --style raw

3. 风景园林

Prompt: IMAGE_TYPE: Landscape Design | GENRE: Organic | EMOTION: Serene | SCENE: A Landscape Garden Design | LOCATION_TYPE: Rural | SPECIAL_EFFECTS: Hand-drawn Effect | TAGS: Organic, Serene, Rural, Hand-drawn Effect --ar 16:9 --v 5.2 --style raw

4. 古典建筑

Prompt: IMAGE_TYPE: Architectural Design | GENRE: Classical | EMOTION: Classic | SCENE: A Classical Architecture Design | LOCATION_TYPE: Urban | SPECIAL_EFFECTS: Photo-realistic | TAGS: Classical, Classic, Urban, Photo-realistic --ar 16:9 --v 5.2 --style raw

5. 公园景观

Prompt: IMAGE_TYPE: Landscape Design | GENRE: Stylized | EMOTION: Eco-

friendly | SCENE: A Park Landscape Design | LOCATION_TYPE: Urban | SPECIAL_ EFFECTS: Mixed Media | TAGS: Stylized, Eco-friendly, Urban, Mixed Media --ar 16:9 --v 5.2 --style raw

6. 游乐场

Prompt: IMAGE_TYPE: Architectural Design | GENRE: Stylized | EMOTION: Dynamic | SCENE: A Theme Park Design | LOCATION_TYPE: Coastal | SPECIAL_ EFFECTS: 3D Model | TAGS: Stylized, Dynamic, Coastal, 3D Model --ar 16:9 --v 5.2 --style raw

7. 高塔寺庙

Prompt: IMAGE_TYPE: Architectural Design | GENRE: Traditional | EMOTION: Serene | SCENE: A High Tower Temple Design | LOCATION_TYPE: Mountain | SPECIAL_EFFECTS: Photo-realistic | TAGS: Traditional, Serene, Mountain, Photo-realistic --ar 16:9 --v 5.2 --style raw

8. 书院学校

Prompt: IMAGE_TYPE: Architectural Design | GENRE: Modern | EMOTION: Innovative | SCENE: A School Campus Design | LOCATION_TYPE: Urban | SPECIAL_EFFECTS: 3D Model | TAGS: Modern, Innovative, Urban, 3D Model --ar 16:9 --v 5.2 --style raw

5.6　Midjourney 在网页和用户界面设计中的应用

Midjourney 可以帮助设计师创建出具有逻辑美的网页布局和元素，设计出卓越的用户界面图标和元素，打造优秀的移动应用用户界面，以及绘制用户体验流程图和线框图。

5.6.1　Midjourney 帮助打造卓越的网页和用户界面

Midjourney 依据输入的关键词提示，可以生成多种富有创新意味的设计元素，设计师可以从这些元素中寻找灵感，为网页和用户界面设计注入独特的美感和人性化的交互。随着关键词的细微调整，设计师可以不断挖掘出丰富多样的可能性，让自己的设计作品在大量的网页和用户界面设计中脱颖而出。

设计网页和用户界面通常可分为 5 个重要阶段。

◆ 用户和市场分析。设计师需要深入理解和明确目标用户的需求与行为模式，同时对市场趋势有准确的把握。

◆ 创新理念的提出。在此阶段，设计师将根据用户需求和市场趋势，提出初始的设计理念，制作初步的设计草图。

◆ 设计和原型制作。设计师基于初始理念进行详细的设计，制作网页和用户界面的原型。这个过程可能会多次进行设计调整和优化。

◆ 用户反馈和设计评估。对完成的原型进行用户测试，并根据反馈进行设计微调和优化。

◆ 与程序员工程师合作开发页面。当设计满足了用户需求和市场期待，就可以将设计实施到真实的网页和用户界面中。

5.6.2　Midjourney 在解决网页和用户界面设计问题上的独特优势

在网页和用户界面设计中，Midjourney 能够提供大量的创新设计元素，只需输入"简约""动态"等设计需求，Midjourney 就能生成符合要求的设计元素。设计师再将这些元素融入网页和用户界面设计中，就能创造出既美观又易用的设计。

作为一名资深设计师，我一直在寻找一种能够持续创新、提升效率和精确执行设计愿景的工具。而 Midjourney 就是我找寻的那把利器，只需轻轻一点，输入"简约""动态"等关键词，Midjourney 便能将这些理念转化为视觉元素。利用这些元素，我得以将用户体验提升到一个全新的层次。

Midjourney 挑战了传统的设计流程。它将灵感转化为实际设计元素的过程几乎是在瞬间完成的，消除了创新上的困扰。它快速生成设计草图的能力让我能将更多时间花在优化用户体验上，而不是消耗在冗长的设计流程中。它的实时预览和试验功能让我能够随时检查和调整设计，这在传统设计流程中是难以实现的。

5.6.3　Midjourney 在设计网页和用户界面时应遵循的原则

在使用 Midjourney 进行网页和用户界面设计时，设计师依然需要遵循以下原则。

◆ 洞察用户需求。我们的设计应始终以用户的需求为核心，透过直观且有吸引力的设计语言，精准解答用户的问题，并提供超乎预期的用户体验。

◆ 尊重用户习惯。良好的设计能够无声地融入用户的日常习惯中。我们要研究并理解用户的行为模式，并在设计中有所反映，使得使用过程尽可能自然流畅。

◆ 优化用户体验。除了视觉上的美感，我们更注重设计的实用性，做到美观与功能并重。这意味着我们的设计应尽可能提供丰富的信息，同时要降低用户的认知负担，让用户的体验更为舒适。

◆ 保障用户安全。在设计中，用户的安全是不可妥协的原则。我们要尽一切可能确保我们的设计能为用户的个人信息和网络安全提供足够的保护。

◆ 考虑用户的可拓展性。随着市场环境和用户需求的不断变化，我们的设计需要有足够的灵活性来应对这些变化。同时我们要预留空间，让用户能够根据自己的需求来拓展我们的设计。

5.6.4 如何使用 Midjourney 生成网页和用户界面的提示词

为了让 Midjourney 生成网页和用户界面的相关设计，我们可以根据关键词（见表 5-6-1）来撰写我们的提示词。

表 5-6-1 网页和用户界面应用提示词结构框架参照表

序号	关键词分类	关键词示例
1	图像类型（IMAGE_TYPE）	用户界面设计（UI Design），用户体验设计（UX Design），网站设计（Web Design），App 设计（App Design），响应式设计（Responsive Design），交互设计（Interaction Design），导航设计（Navigation Design），图标设计（Icon Design）
2	风格（GENRE）	平面设计（Graphic），插图设计（Illustration），动画设计（Animation），线框图设计（Wireframe），原型设计（Prototype），扁平设计（Flat），材质设计（Material），网格设计（Grid）
3	情绪（EMOTION）	清晰（Clear），简单（Simple），直观（Intuitive），动态（Dynamic），优雅（Elegant），轻松（Easy），高效（Efficient），温馨（Warm），玩味（Playful）
4	场景（SCENE）	电子商务网站设计（An E-commerce Web Design），社交媒体应用设计（A Social Media App Design），信息仪表板设计（An Information Dashboard Design），移动应用主界面设计（A Mobile App Home Screen Design）

续表

序号	关键词分类	关键词示例
5	参与者 （ACTORS）	用户（User），系统（System）
6	特效（SPECIAL_ EFFECTS）	交互动画（Interactive Animation），过渡效果（Transition），视差滚动（Parallax Scrolling），微交互（Microinteraction），悬停效果（Hover Effect），弹出窗口（Pop-up），下拉菜单（Dropdown Menu），轮播图（Carousel），滑动菜单（Sliding Menu）
7	标签（TAGS）	用户友好（User-friendly），简洁（Minimalist），清晰（Clear），动态（Dynamic），无障碍（Accessible），移动优先（Mobile-first），触摸友好（Touch-friendly），快速加载（Fast-loading），高解析度（High-resolution），强可用性（High Usability），易于导航（Easy to Navigate）

比如，如果我们要生成一个电子商务网站的用户界面设计，可以参照以下步骤进行。

在"图像类型"（IMAGE_TYPE）中选择"用户界面设计"（UI Design），在"情绪"（EMOTION）类别中选择"清晰"（Clear）和"直观"（Intuitive），在"场景"（SCENE）类别中可以编写"电子商务网站设计"（An E-commerce Web Design），在"参与者"（ACTORS）类别中可以选择"用户"（User），在"特效"（SPECIAL_EFFECTS）类别中可以选择"交互动画"（Interactive Animation）和"过渡效果"（Transition），在"标签"（TAGS）类别中可以选择"用户友好"（User-friendly）和"清晰"（Clear）。将这些关键词组合在一起，可以得到以下提示词。

Prompt: IMAGE_TYPE: UI Design | GENRE: Graphic | EMOTION: Clear, Intuitive | SCENE: An E-commerce Web Design | ACTORS: User | SPECIAL_EFFECTS: Interactive Animation, Transition | TAGS: User-friendly, Clear --ar 16:9 --v 5.2 --style raw

以上就是根据关键词撰写 Midjourney 网页和用户界面提示词的方法。你可以根据具体需求，参照关键词表格，选择不同的关键词，生成符合自己需求的设计。

5.6.5　Midjourney 网页和用户界面设计示例

1. 应用软件（App）图标

Prompt: IMAGE_TYPE: Icon Design | GENRE: Flat | EMOTION: Simple, Dynamic | SCENE: A Social Media App Icon Design | ACTORS: User | SPECIAL_EFFECTS: Microinteraction | TAGS: User-friendly, Minimalist, Touch-friendly, High-resolution, Bird-symbol --ar 1:1 --v 5.2 --style raw

2. 网页

Prompt: IMAGE_TYPE: Web Design | GENRE: Grid | EMOTION: Clear, Efficient | SCENE: A Responsive Web Page Design | ACTORS: User | SPECIAL_EFFECTS: Parallax Scrolling, Dropdown Menu | TAGS: User-friendly, Clear, Mobile-first --ar 16:9 --v 5.2 --style raw

3. 网站插画

Prompt: IMAGE_TYPE: Illustration | GENRE: Graphic | EMOTION: Clear, Elegant | SCENE: A Business Homepage Illustration for Website | ACTORS: User | SPECIAL_ EFFECTS: Interactive Animation | TAGS: User-friendly, Professional, High-resolution --ar 16:9 --v 5.2 --style raw

4. 信息仪表板

Prompt: IMAGE_TYPE: UX Design | GENRE: Grid | EMOTION: Clear, Efficient | SCENE: An Information Dashboard Design | ACTORS: System | SPECIAL_EFFECTS: Interactive Animation, Transition | TAGS: User-friendly, Clear, High Usability --ar 16:9 --v 5.2 --style raw

5. 移动应用 UI 界面

Prompt: IMAGE_TYPE: App Design | GENRE: Material | EMOTION: Easy, Intuitive |

SCENE: A Mobile App Home Screen Design | ACTORS: User | SPECIAL_EFFECTS: Microinteraction, Hover Effect | TAGS: User-friendly, Mobile-first, Touch-friendly --ar 1:1 --v 5.2 --style raw

5.7　Midjourney 带来电影、游戏和娱乐行业的革新

　　电影、游戏和娱乐行业是视觉艺术中的重要领域，也是 Midjourney 技术的主要应用场景。从电影宣传的创新视角，到游戏角色和场景设计，再到动画和 CG 特效的"魔法"对决，甚至是音乐会的视觉狂欢，Midjourney 都在以独特的方式对这些行业进行改造和创新。

5.7.1　Midjourney 引领电影、游戏和娱乐创作的新思路

　　通过对输入的提示词的理解，Midjourney 可以快速生成多样化的设计元素和创意构想。无论是导演需要一种全新的场景设计，还是游戏开发者在寻找独特的角色形象，或是娱乐制作人需要别出心裁的海报设计，Midjourney 都能为他们提供丰富的创意源泉。通过微调提示词，能持续探索多样的设计可能性，让电影、游戏和娱乐作品在众多同行作品中独树一帜。

Midjourney 正以独特的方式重塑电影、游戏和娱乐创作的路径。以下是一些关键性的改变。

◆ 人工智能技术的应用。Midjourney 理解并生成设计元素和创意概念，只需输入几个关键词，即可引发一场设计革新。想象一下，电影导演在寻找新颖的场景设计，游戏开发者需要独特的角色形象，娱乐制作人想要别具一格的海报，只需一些创新的提示词，Midjourney 就能开启无限的创意源泉。

◆ 带来创意与创新变革。传统的创作方式经常因缺乏新的创意而遭遇瓶颈。Midjourney 却能够迅速生成一系列全新的设计元素和概念，为创作者提供源源不断的灵感，帮助他们在电影、游戏和娱乐的海洋中脱颖而出。

◆ 降低制作周期，节约成本。Midjourney 的能力不止于创新，它也能大幅度提高创作效率。设计草图的快速产出，缩短了创作周期，节约了大量的成本。

◆ 推动创新的表现形式。Midjourney 不仅推动了创新的形式，也改变了我们理解和体验创作的方式。它让创作者可以实时预览和试验自己的创作，实现了创作效果的可视化，提高了创作的直观性和感知力。

5.7.2　Midjourney 如何解决电影、游戏和娱乐创作的问题

在电影、游戏和娱乐的创作过程中，Midjourney 能帮助创作者解决以下问题。

◆ 角色、模型和场景的创建。在传统的创作方式中，这些工作需要耗费大量的人力和时间。而 Midjourney 能以前所未有的速度和效率生成各种元素，大大简化了这个过程。

◆ 创新多样化的创作形式。在众多类似的作品中，如何让自己的创作独树一帜，这是每个创作者都要面临的问题。Midjourney 则可以通过不断产生新的设计元素和概念，使创作充满新意，赋予作品独特的魅力。

◆ 实时预览创作效果。Midjourney 的实时预览和试验功能让创作者能够在创作过程中实时看到修改效果，这不仅有助于创作者在早期阶段发现并改正问题，也使他们能够更加精确地控制最终的创作效果。

5.7.3　Midjourney 在电影、游戏和娱乐创作中的原则

在使用 Midjourney 进行电影、游戏和娱乐创作时，创作者需要遵循以下原则。

◆ 持续优化。创作过程需要持续优化，灵活调整创作策略以满足观众变化的需求，包括角色设计、剧情结构、场景设定等方面，这种持续优化的过程可以利用 Midjourney 工具进行更为精准和高效的修改。

◆ 尊重原创。在引用或参考他人作品时，需要尊重原创，避免盲目模仿或剽窃。Midjourney 工具可以提供创新灵感，但使用者应当尽力在这些灵感的基础上发展自己独特的创作。

◆ 工具与创作并重。虽然 Midjourney 是一个强大的创作工具，但创作者不应忽视自身的创作技能和艺术直觉。Midjourney 应作为一个辅助创作的工具，而非取代人的创新思考。

◆ 重视团队协作。电影、游戏和娱乐创作是一个团队工作，每个角色都发挥着重要的作用。尽管 Midjourney 可以为创作提供很多帮助，但是有效的团队协作是创作成功的关键。

遵循这些原则，Midjourney 可以成为电影、游戏和娱乐创作中的得力助手，帮助创作者提升工作效率，同时也激发新的创作灵感。

5.7.4 如何用 Midjourney 生成游戏角色和场景的提示词

用 Midjourney 生成游戏角色和场景提示词的方法和前面章节一样。我们只需要在关键词分类中选择适合的关键词，然后根据需要生成的作品的特点来编写相关的描述（见表 5-7-1），就可以生成相应风格和特点的游戏角色与场景设计。

表 5-7-1　游戏角色和场景应用提示词结构框架参照表

序号	关键词分类	关键词示例
1	图像类型（IMAGE_TYPE）	游戏角色设计（Game Character Design），游戏场景设计（Game Environment Design），动画制作（Animation Production），角色建模（Character Modeling），纹理艺术（Texture Art），UI 设计（UI Design），2D 动画（2D Animation），3D 动画（3D Animation）
2	风格（GENRE）	幻想（Fantasy），科幻（Sci-fi），动漫（Anime），现实（Realistic），抽象（Abstract），低多边形（Low-poly），粒子效果（Particle Effects），非主流（Non-mainstream）
3	情绪（EMOTION）	勇敢（Brave），神秘（Mysterious），欢乐（Joyful），悲伤（Sad），惊奇（Surprised），怀旧（Nostalgic），疯狂（Crazy），宁静（Serene）

序号	关键词分类	关键词示例
4	场景（SCENE）	游戏角色设计（A Game Character Design），动画场景设计（An Animation Scene Design），游戏 UI 设计（A Game UI Design），角色建模（A Character Modeling）
5	地点类型（LOCATION_TYPE）	游戏环境（Game Environment），虚拟空间（Virtual Space），动画场景（Animation Scene），移动设备（Mobile Device）
6	特效（SPECIAL_EFFECTS）	3D 渲染（3D Rendering），动态效果（Dynamic Effect），阴影效果（Shadow Effect），光照效果（Lighting Effect），粒子效果（Particle Effects）
7	标签（TAGS）	动作（Action），冒险（Adventure），角色扮演（RPG），射击（Shooter），恐怖（Horror），策略（Strategy），竞技（Competitive），冒险（Adventure）

比如，假设你想要设计一款科幻风格，基于虚拟空间场景的游戏角色，同时这个角色给人一种神秘而勇敢的感觉，那么你可以按照以下方式来撰写提示词。

首先，从"图像类型"（IMAGE_TYPE）中选择"游戏角色设计"（Game Character Design），从"风格"（GENRE）类型中选择"科幻"（Sci-fi）。接下来，在"情绪"（EMOTION）类型中选择"神秘"（Mysterious）和"勇敢"（Brave），在"地点类型"（LOCATION_TYPE）类型中选择"虚拟空间"（Virtual Space），在"场景"（SCENE）部分中写入"一个神秘且勇敢的科幻游戏角色设计"（A mysterious and brave sci-fi game character design）。然后，你可以在"特效"（SPECIAL_EFFECTS）类型中选择你想要的特效，比如"3D 渲染"（3D Rendering），在"标签"（TAGS）类型中选择与你的设计相关的标签，比如"冒险"（Adventure）。

这样，我们得到的提示词可能如下。

Prompt: IMAGE_TYPE: Game Character Design | GENRE: Sci-fi | EMOTION: Mysterious, Brave | SCENE: A mysterious and brave sci-fi game character design | LOCATION_TYPE: Virtual Space | SPECIAL_EFFECTS: 3D Rendering | TAGS: Adventure --ar 16:9 --v 5.2 --style raw

以上就是撰写 Midjourney 解决游戏角色和场景提示词的示例和方法，你可以根据你的需求调整和修改这些关键词和描述，以获得你想要的游戏角色和场景设计。

5.7.5　Midjourney 在电影、游戏和娱乐行业应用示例

1. 游戏角色

Prompt: IMAGE_TYPE: Game Character Design | GENRE: Fantasy | EMOTION: Brave, Mysterious | SCENE: A Game Character Design | LOCATION_TYPE: Game Environment | SPECIAL_EFFECTS: 3D Rendering, Dynamic Effect | TAGS: Action, Adventure --ar 1:1 --v 5.2 --style raw

2. 游戏场景

Prompt: IMAGE_TYPE: Game Environment Design | GENRE: Sci-fi | EMOTION: Surprised, Nostalgic | SCENE: A Game Environment Design | LOCATION_TYPE: Virtual Space | SPECIAL_EFFECTS: Shadow Effect, Lighting Effect | TAGS: Strategy, Competitive --ar 16:9 --v 5.2 --style raw

3. 动画故事

Prompt: IMAGE_TYPE: 2D Animation | GENRE: Anime | EMOTION: Joyful, Sad | SCENE: An Animation Story Scene | LOCATION_TYPE: Animation Scene | SPECIAL_ EFFECTS: Particle Effects, Dynamic Effect | TAGS: Adventure, RPG --ar 16:9 --v 5.2 --style raw

4. 电影海报

Prompt: IMAGE_TYPE: Graphic Design | GENRE: Realistic | EMOTION: Brave, Mysterious | SCENE: A Movie Poster Design | LOCATION_TYPE: Movie Scene | SPECIAL_EFFECTS: Lighting Effect, Shadow Effect | TAGS: Action, Drama --ar 2:3 --v 5.2 --style raw

5. 电影场景

IMAGE_TYPE: 3D Animation | GENRE: Non-mainstream | EMOTION: Surprised, Nostalgic | SCENE: A Movie Scene Design | LOCATION_TYPE: Movie Scene | SPECIAL_EFFECTS: 3D Rendering, Lighting Effect | TAGS: Adventure, Drama --ar 16:9 --v 5.2 --style raw

5.8　Midjourney 在时尚艺术中的跨越式创新

时尚艺术行业是关注视觉设计和创新理念的行业。Midjourney 以强大的人工智能生成技术正深刻影响和改变着时尚艺术行业，从服装和配饰设计，到插图和印花图案，再到广告宣传册的创作，以及时尚秀场的视觉设计，Midjourney 可谓无处不在。

5.8.1　Midjourney 带来独特而新颖的时尚艺术设计

当 Midjourney 被引入时尚艺术设计中，它所发挥的作用可谓是巨大的。设计师只需输入相应的关键词，Midjourney 便能创造出一系列独特的设计元素，从而为设计师提供设计灵感。在不断优化关键词的过程中，设计师可以探索无穷无尽的可能性，从而在众多设计作品中脱颖而出。

常规的时尚艺术设计过程可被划分为以下几个关键环节。

◆ 市场研究。设计师在创作之初需要理解市场需求与趋势，深入研究目标人群的审美和消费习惯。

◆ 创意生成。在这个阶段，设计师基于市场研究的结果，生成初始设计概念，并构建设计草图。

◆ 设计创作。接下来，设计师会根据初步概念进行详细设计，制作出设计原型，并在这个过程中多次进行优化和调整。

◆ 试验和反馈。完成设计作品原型后，设计师需要获取用户的反馈，根据反馈进行产品优化。

◆ 产品推出。当设计满足市场需求并符合品牌期望时，作品就可以正式推向市场。

5.8.2　Midjourney 引领时尚艺术设计的创作方式革新

Midjourney 为时尚艺术设计领域带来了独特的革新和贡献。

◆ 艺术图像数据库对艺术创作的影响。Midjourney 拥有大量的艺术图像数据库，这是 Midjourney 生成独特设计元素的基础。设计师只需要输入特定的元素和风格，如"极简主义""复古风"等，Midjourney 就能生成相应的设计元素。这不仅大大加速了设计进程，还能打破设计师的创作边界，提供前所未有的设计元素和灵感。

◆ 模仿艺术家风格。Midjourney 能够学习和模仿各种艺术家的风格，无论是早期的古典艺术家，还是当代的先锋艺术家，都可以通过 Midjourney 呈现出来。这让设计师站在巨人的肩膀上，吸收和借鉴前人的创作精髓，创造出独特的作品。

◆ 图像融合技术。图像融合技术也是 Midjourney 的独特之处。Midjourney 可以将各种不同的设计元素融合在一起，创造出全新的设计作品。这种融合不是简单的堆砌，而是在保持各元素特点的同时，将它们和谐地结合在一起，产生新的艺术效果。

◆ 人工智能对艺术创作的潜力。Midjourney 生成的图像实例证明了人工智能在艺术创作方面的潜力。它解决了创作效率低下、创新思维匮乏等传统设计问题，帮助设计师实时预览和调整设计效果，同时还能保持整个作品系列的一致性。这都使设计师可以更好地专注于创作，而不是纠结于技术层面的问题。

Midjourney 为时尚艺术设计领域带来了全新的视角和可能性，无论是设计师还是艺术爱好者，都能从中找到属于自己的创作之路。

5.8.3　Midjourney 在时尚艺术作品设计中的原则

在利用 Midjourney 进行时尚艺术设计时，设计师需要遵循以下原则。

◆ 以用户为中心。设计过程中始终需要以用户的需求和体验为导向，确保设计作品符合目标人群的审美和消费习惯。

◆ 实用性与美感的结合。设计作品不仅需要注重实用性，也要追求独特的美感，才能形成作品的个性和识别度。

◆ 适应市场变化。设计需要灵活适应市场的变化和用户需求的变化，不断进行优化和更新。

◆ 创新。设计作品需要有创新性、打破常规，为用户提供独特的艺术体验。

5.8.4　如何用 Midjourney 生成时尚艺术设计的提示词

我们想通过 Midjourney 创作时尚艺术作品，依然需要从以下行业关键词开始学习，如表 5-8-1 所示。

表 5-8-1　时尚艺术设计应用提示词结构框架参照表

序号	关键词分类	关键词示例
1	图像类型（IMAGE_TYPE）	时尚插图（Fashion Illustration），时尚摄影（Fashion Photography），服装设计（Clothing Design），配饰设计（Accessories Design），时尚展示（Fashion Display），时尚广告（Fashion Advertising）
2	风格（GENRE）	现代（Modern），复古（Retro），未来主义（Futuristic），极简（Minimalistic），奢华（Luxury），街头（Streetwear），大胆（Bold），精致（Delicate），民族（Ethnic）
3	情绪（EMOTION）	独特（Unique）强大（Powerful），优雅（Elegant），玩味（Playful），时髦（Chic），复古（Vintage），高级（Luxurious），简约（Minimal），活泼（Lively）
4	场景（SCENE）	时装周（Fashion Week），模特走秀（Model Runway），时尚画册（Fashion Catalog），街头时尚（Street Fashion），时尚杂志封面（Fashion Magazine Cover）
5	参与者（ACTORS）	模特（Model），设计师（Designer），摄影师（Photographer），时尚博主（Fashion Blogger），时尚编辑（Fashion Editor）
6	地点类型（LOCATION_TYPE）	时装秀（Runway），街头（Street），工作室（Studio），时尚杂志（Fashion Magazine），时尚博客（Fashion Blog）
7	相机型号（CAMERA_MODEL）	根据具体摄影要求选择（Choose according to specific photography requirements）
8	镜头（CAMERA_LENS）	根据具体摄影要求选择（Choose according to specific photography requirements）
9	特效（SPECIAL_EFFECTS）	软焦（Soft Focus），高对比度（High Contrast），暗角（Vignette），黑白摄影（Black and White），过度曝光（Overexposure），粗糙纹理（Rough Texture），色彩饱和（Color Saturation），反光（Glare）
10	标签（TAGS）	高级时尚（Haute Couture），成衣（Ready-to-wear），时尚趋势（Fashion Trend），时尚周（Fashion Week），模特（Model），时尚设计（Fashion Design），时尚摄影（Fashion Photography），时尚博主（Fashion Blogger），时尚杂志（Fashion Magazine）

比如我们需要生成一个奢华的时尚插图，用于时尚杂志的封面，以此来传达一种豪华和优雅。首先在"图像类型"（IMAGE_TYPE）类别中可以选择"时尚插图"（Fashion Illustration），因为我们的目标是创建一张时尚杂志的封面插图。然后在"风格"（GENRE）类型中选择"奢华"（Luxury）和"优雅"（Elegant），因为这些词表达了我们想要传达的内容。在"情绪"（EMOTION）类型中可以选择"优雅"（Elegant）和"豪华"（Luxurious），这些情绪与我们

的插图主题相符。在"场景"（SCENE）处可以输入"一次豪华奢华的时尚杂志封面拍摄"（A Luxurious fashion magazine cover shoot），这将帮助 Midjourney 理解我们想要的场景类型。在"参与者"（ACTORS）类型中可以选择"模特"（Model），因为模特通常是时尚杂志封面的焦点。在"地点类型"（LOCATION_TYPE）中可以选择"时尚杂志"（Fashion Magazine），这是插图展示的地方。在"特效"（SPECIAL_EFFECTS）类型中可以选择"软焦"（Soft Focus）和"高对比度"（High Contrast），这些效果可以增加插图的视觉吸引力。最后，在"标签"（TAGS）类型中选择"高级时尚"（Haute Couture）和"时尚杂志"（Fashion Magazine），这些标签可以帮助 Midjourney 生成与主题相关的插图。

我们将得到以下提示词和图像效果。

Prompt: IMAGE_TYPE: Fashion Illustration | GENRE: Luxury, Elegant | EMOTION: Luxurious, Elegant | SCENE: A Luxurious fashion magazine cover shoot | ACTORS: Model | LOCATION_TYPE: Fashion Magazine | SPECIAL_EFFECTS: Soft Focus, High Contrast | TAGS: Haute Couture, Fashion Magazine --ar 16:9 --v 5.2 --style raw

使用这个提示词，Midjourney 将生成一幅奢华且优雅的时尚杂志封面插图，成功地传达出我们所期望的感觉和气氛。

5.8.5　Midjourney 在时尚艺术行业的应用示例

1. 时尚插图

Prompt: IMAGE_TYPE: Fashion Illustration | GENRE: Modern, Bold | EMOTION: Unique, Chic | SCENE: A Fashion Catalog | ACTORS: Designer, Fashion Blogger | LOCATION_TYPE: Studio | SPECIAL_EFFECTS: High Contrast, Color Saturation | TAGS: Fashion Trend, Fashion Design --ar 1:1 --v 5.2 --style raw

2. 时尚摄影

Prompt: IMAGE_TYPE: Fashion Photography | GENRE: Modern, Bold | EMOTION: Playful, Chic | SCENE: A Fashion Magazine Cover | ACTORS: Photographer, Model | LOCATION_TYPE: Studio | CAMERA_MODEL: Choose according to specific photography requirements | CAMERA_LENS: Choose according to specific photography requirements | SPECIAL_EFFECTS: High Contrast, Color Saturation, Glare | TAGS: Fashion Photography, Fashion Trend, Streetwear --ar 4:3 --v 5.2 --style raw

3. 时装秀

Prompt: IMAGE_TYPE: Fashion Display | GENRE: Futuristic, Luxury | EMOTION: Powerful, Elegant | SCENE: Model Runway | ACTORS: Model, Designer | LOCATION_TYPE: Runway | SPECIAL_EFFECTS: High Contrast, Glare | TAGS: Fashion Week, Haute Couture, Ready-to-wear --ar 16:9 --v 5.2 --style raw

4. 时尚模特

Prompt: IMAGE_TYPE: Fashion Photography | GENRE: Modern, Artistic | EMOTION: Unique, Elegant | SCENE: Model Runway | ACTORS: Model, Designer | LOCATION_TYPE: Studio | CAMERA_MODEL: Choose according to specific photography requirements | CAMERA_LENS: Choose according to specific photography requirements | SPECIAL_EFFECTS: High Contrast, Soft Focus, Color Saturation | TAGS: Model, Fashion Design, Haute Couture --ar 4:3 --v 5.2 --style raw

5. 街头时尚

Prompt: IMAGE_TYPE: Fashion Display | GENRE: Streetwear, Bold | EMOTION: Playful, Chic | SCENE: Street Fashion | ACTORS: Fashion Blogger, Model | LOCATION_TYPE: Street | SPECIAL_EFFECTS: Rough Texture, High Contrast | TAGS: Street Fashion, Fashion Trend, Ready-to-wear --ar 16:9 --v 5.2 --style raw

6. 时尚杂志封面

Prompt: IMAGE_TYPE: Fashion Photography | GENRE: Modern, Bold | EMOTION: Playful, Chic | SCENE: A Fashion Magazine Cover | ACTORS: Photographer, Model | LOCATION_TYPE: Studio | CAMERA_MODEL: Choose according to specific photography requirements | CAMERA_LENS: Choose according to specific photography requirements | SPECIAL_EFFECTS: High Contrast, Color Saturation, Glare | TAGS: Fashion Photography, Fashion Trend, Streetwear --ar 4:3 --v 5.2 --style raw

Midjourney
组合应用与创新技术探究

第6章

6.1　主流 AI 绘画工具介绍与比较

在 AI 绘画工具中，有许多不同的工具可供选择。这一节将介绍一些主要的 AI 绘画工具，比较它们的特性、优点，以及局限性，并提供一些如何根据特定需求选择合适工具的建议。

6.1.1　评估主流 AI 绘画工具的优点和缺陷

目前市场上的 AI 绘画工具呈现百花齐鸣的状态，有几十种之多。下面从出图质量、研发团队、使用人群等因素对几种主流 AI 绘画工具进行介绍。

1. Midjourney（MJ）

Midjourney 以出色的创意绘画能力和高质量的图像生成而为人所知。你可能需要一些时间去掌握它，一旦熟悉，就能创作出具有深度和创新性的作品。Midjourney 可能在功能上稍显不足，但这并不妨碍追求创意绘画和图像质量的用户对它的喜爱。

Midjourney 的主要局限在于它所生成结果过于依赖绘画训练模型，还无法有效地处理一些有针对性的细节和复杂场景。

2. Leonardo（LE）

Leonardo 对所有用户都十分友好，无论用户的技术水平如何，都能迅速上手。这款软件功能全面，提供高质量的输出图像，尤其适合头像创作。Leonardo

能为用户提供了巨大的创作空间，使得 Leonardo 在 AI 绘画软件市场中独具吸引力。

Leonardo 的主要缺点是功能复杂，新用户可能需要花费很多时间来熟悉它的各种功能和工具，训练绘画模型难度较高。

3. Stable Diffusion（SD）

Stable Diffusion 作为一款功能强大的 AI 绘画工具，虽然上手难度很高，但其功能性和高质量的图像生成能力无疑弥补了这一不足。Stable Diffusion 提供了丰富的不同领域的特定模型，可以满足不同用户的需求，同时它还支持用户训练自己的模型，这一优势使得它在市场上具有很大的竞争力。

4. DALL·E2

DALL·E2 是 OpenAI 旗下一款强大的 AI 绘画工具，它使用了一种创新的生成模型，能够生成多种风格的图像，并且能够理解人类语言描述，生成与描述相匹配的图像。但是由于模型的复杂性，它的使用可能需要相当强大的计算资源。

5. 文心一格

文心一格是百度旗下一款专注于中国画创作的 AI 绘画工具，出图质量很高，且具有浓厚的中国传统艺术风格。

6. Adobe Firefly

Adobe Firefly 是由 Adobe 公司推出的一款 AI 绘画工具，它基于深度学习技术，提供了一系列强大的功能，帮助艺术家创作出复杂而生动的作品。Adobe Firefly 的画笔工具具有出色的自然感和流畅性，使得创作过程既直观又愉快。Adobe Firefly 还提供了多种画笔和材料选择，同时对颜色、明暗、纹理等方面有深度控制，使得用户能够根据自己的喜好进行精细调整。

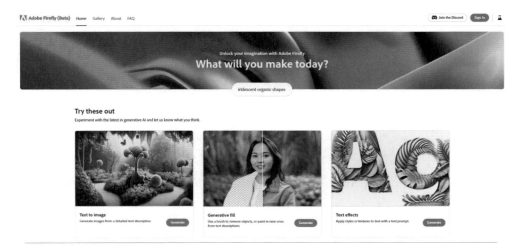

Adobe Firefly 的使用可能需要一定的设计基础和学习成本，对新手十分不友好。作为一款商业产品，它的价格相对较高。这是一款适合高级用户和专业艺术家的 AI 绘画工具。

6.1.2 如何选择适合自己的 AI 绘画工具

虽然这些工具都能帮助我们生成令人惊艳的艺术作品，但它们各有优势和局限性。我们在选择 AI 绘画工具时应该注意以下几点。

◆ 用户技术水平。对于初级用户和非技术人员来说，文心一格、Midjourney 和 Leonardo 会更适合一些，这些绘画工具的用户界面设计得十分友好，并且提供了丰富的帮助文档和教程。对于专业人士来说，Stable Diffusion 可能是更好的选择，因为它能提供更多的功能、绘画模型和定制选项。

◆ 图像质量和风格。不同的 AI 绘画工具可能生成不同风格和质量的图像。例如，Midjourney 以高质量的图像和独特的创新风格而受到好评。如果你追求高质量的图像，那么 Midjourney、Leonardo 和 Stable Diffusion 都是不错的选择。

◆ 功能需求。如果你需要大量定制化设置或者训练自己的 AI 模型，那么

Leonardo 和 Stable Diffusion 可能是更好的选择。如果你需要一款更简单易用、功能直观的工具，那么 Midjourney 和 Adobe Firefly 可能更适合你。要提醒你的是，训练 AI 绘画模型是一件非常耗费时间和硬件资源的事情。

◆ 价格。价格也是一个需要考虑的因素。文心一格、Leonardo 是免费的，Midjourney 每个月至少要花费 10 美元左右，Adobe Firefly 则更贵一些。我们在选择的时候需要权衡价格和软件的功能以及使用体验。

6.1.3　Midjourney 的优势

相比其他 AI 绘画工具，Midjourney 存在以下优势。

◆ 生成高质量图像。Midjourney 的出图质量非常高，无论是色彩的丰富度、图片细节，还是作品的创新性，都具有很高的表现力。

◆ 创新风格。Midjourney 有强大的创新绘画能力，可以帮助用户创作出独一无二的作品。

◆ 深度学习的使用。Midjourney 在深度学习技术的运用上走在了前列，通过深度学习技术，可以生成具有丰富细节和细腻质感的作品。

◆ 定向优化。Midjourney 虽然不支持用户训练自己的 AI 模型，但 Midjourney 的模型已经经过了大量的训练和优化，能够很好地满足大部分用户的需求。

需要注意的是，Midjourney 的功能相对单一，不支持用户自定义训练模型，且可能需要一定的上手时间，同时不能像 Photoshop 这种图像处理软件工具可以实时编辑，但这并不影响那些追求高质量出图和创新性的用户对它的喜爱。

6.1.4　ChatGPT 和 Midjourney 的配合应用实践

作为一款顶级的人工智能绘画软件，Midjourney 的图像生成非常依赖高质量的提示词。但是它在理解自然语言方面的表现远不如 ChatGPT。ChatGPT 凭借卓越的语言处理能力，往往能创作出令人惊叹的提示词，激发 Midjourney 强大的绘画能力。

这两个强大的工具相结合，效果堪称完美。这两种创新工具的配合使用，使艺术和技术的结合更加深入，对创意工作产生了很大的影响。

◆ 创作策划阶段。在创作前期，ChatGPT 可以作为一个智能助手来帮助你策划和设计创作。你可以向 ChatGPT 描述自己的创作想法，它可以根据你的描述提供一些有价值的建议和启发。例如，你可以问 ChatGPT 关于某种颜色搭配的建议，或者某种风格的绘画技巧，ChatGPT 都能给出专业的答复。

◆ 创作实施阶段。在创作过程中，Midjourney 可以提供高质量的图像生成能力。你可以将你的想法和 ChatGPT 的建议结合起来，生成提示词，通过 Midjourney 创作出独一无二的艺术作品。

◆ 作品修正和优化阶段。创作完成后，你可能还需要对作品进行一些修正和优化。在这个过程中，继续让 ChatGPT 提供一些专业的意见和建议。例如，你可以将作品展示给 ChatGPT，然后询问其对作品的看法。ChatGPT 可以从颜色搭配、元素布局、主题表达等方面给出建设性的意见。你也可以通过 Midjourney 来快速实施这些修正和优化。

接下来我们使用 ChatGPT 和 Midjourney 来创作图书绘本和复刻传世名画来展现二者配合使用的神奇效果。

1. 使用 ChatGPT 和 Midjourney 创作图书绘本

本小节我将引导你使用 ChaptGPT 和 Midjourney 来创建儿童图画书。我们可以借助 ChatGPT 生成故事标题和情节，再把故事情节的文描述转化为 Midjourney 生成图像的提示词，在 Midjourney 里生成故事配图，然后借助一些排版软件如 Word 或者 Illustrator 完成图书绘本的制作。

篇幅有限，我们仅展示如何借助 ChatGPT 生成童话故事，同时使用 Midjourney 生成相应的故事插图。当我们使用 ChatGPT 创建童话故事时，首先需要明确以下几个核心元素。

◆ 故事的主题和设置。例如，是一部关于王子和公主的爱情故事，还是一部描绘勇敢的骑士经历冒险历程的故事？

◆ 角色设计。不同角色的性格、外观和特性是怎样的？他们在故事中的角色是什么？

◆ 情节走向。我们希望故事呈现出什么样的发展脉络，有哪些重要的转折点？

◆ 故事面向人群。我们的故事是讲给谁听的？

有了上述信息后，我们就可以将这些要素用文字形式输入 ChatGPT 中，由它来帮我们编织出生动的故事情节。接着，我们根据生成的故事内容，编写一系列的描绘性提示词，输入 Midjourney 中，让它为我们的故事生成相应的插图。

如果我们不会构思故事主题和情节，也可以将这部分工作交给 ChatGPT。我们直接使用 ChatGPT 的提示词："假设你是一个故事大王，我想哄我三岁的小女儿睡觉。请你为我编写几个睡前故事。"

我们可以选择其中的一个故事，接着让 ChatGPT 生成故事画面的描述。比如，我们可以这样写 ChatGPT 的提示词："故事一，我感觉很不错。你可以帮我把这个故事的场景分别选择几个面画描述一下吗？方便我用来生成 Midjourney 的绘画指示词。"

如下图所示，ChatGPT 为我们生成了 5 个场景画面的描述，由于 Midjourney 的提示词由英语构成，我们需要继续用 ChatGPT 把这 5 个场景画面翻译成英语，再生成 Midjourney 绘画提示词。由于 Midjourney 对语言的理解远达不到 ChatGPT 的水平，因此在故事画面描述里的"小巴"会对 Midjourney 的图像生成造成很大的干扰，我们需要明确告诉 ChatGPT 在翻译的英语中仅使用小熊作为描述主体。这一次，我们可以这样写提示词："这几个故事场景都描述的非常好，请你帮我翻译成英语，不要出现小巴的翻译，可以用小熊统一名称。"

接着我们就可以让 ChatGPT 把每一个场景直接生成 Midjourney 容易理解的绘画提示词。这里其实有很关键的一步，就是我们写给 ChatGPT 的提示词，是否足够准确和有细节，这将直接影响后期生成图像的效果。下面这张图是我用 ChatGPT 生成 Midjourney 提示词的过程。

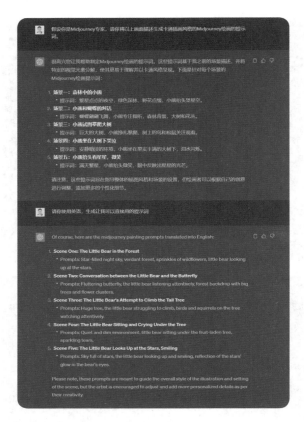

我们将第一个画面的提示词输入 Midjourney 里得出以下插图效果。

Prompt: Star-filled night sky, verdant forest, sprinkles of wildflowers, little bear looking up at the stars --v 5.2 --style raw

　　我们还可以用第五章所学的内容给 ChatGPT 一个专业提示词框架示例和绘画行业关键词，并讲明白我们的需求。与 Midjourney 不同的是，我们在使用 ChatGPT 时，要得到精准的结果，往往要先为 ChatGPT 假定一个角色。然后将提示词输入 ChatGPT，如下图所示。

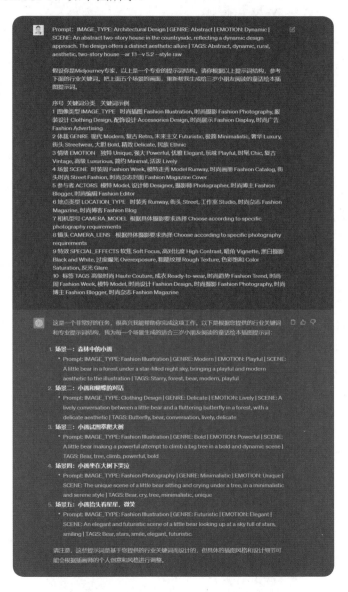

　　我们再次将第一个画面中的提示词输入 Midjourney 里得出以下插图效果。

Prompt: IMAGE_TYPE: Fashion Illustration | GENRE: Modern | EMOTION: Playful |

SCENE: A little bear in a forest under a star-filled night sky, bringing a playful and modern aesthetic to the illustration | TAGS: Starry, forest, bear, modern, playful --v 5.2 --style raw

　　这次生成的图像，不管是画面风格还是图像品质都符合我们的预期，我们选择第一张图像作为示例图像。然后使用"U"和"V"按钮进行细调，得到下面这张较为满意的图像。

　　接着将 ChatGPT 生成的第 2 个到第 5 个画面提示词输入 Midjourney 里，依

次生成剩余的画面。

Prompt: IMAGE_TYPE: Clothing Design | GENRE: Delicate | EMOTION: Lively | SCENE: A lively conversation between a little bear and a fluttering butterfly in a forest, with a delicate aesthetic | TAGS: Butterfly, bear, conversation, lively, delicate --v 5.2 --style raw

Prompt: IMAGE_TYPE: Fashion Illustration | GENRE: Delicate | EMOTION: tired difficult | SCENE: An adorable little bear playfully trying to climb a big tree, showcasing a charming and whimsical setting | TAGS: Cute bear, tree, climb, playful, strenuous, sad,delicate --v 5.2 --style raw

Prompt: IMAGE_TYPE: Fashion Illustration | GENRE: Delicate | EMOTION: tired difficult | SCENE: a bear cub crying under a tree | TAGS: Cute bear, tree, climb, playful, delicate --v 5.2 --style raw

Prompt: IMAGE_TYPE: Fashion Illustration | GENRE: Futuristic | EMOTION: Elegant | SCENE: An elegant and futuristic scene of a little bear looking up at a sky full of stars, smiling | TAGS: Bear, stars, smile, elegant, futuristic --v 5.2 --style raw

  至此，我们创作图书绘本的故事内容和配图都有了，只需要将这个故事内容和图片导入排版软件如 Word 或 Illustrator，简单做一下排版，就是一个完整的带绘图的故事内容。我们连续编排 10 ～ 50 个故事内容，就可以做一本完整的故事绘本了，不管是作为礼物送给自己的孩子，讲故事给他们听，还是作为绘本产品发布在电子图书交易平台上都是不错的选择。

2. 使用 ChatGPT 和 Midjourney 复刻传世名画

ChatGPT 与 Midjourney 的结合不仅具有强大的创造力，还拥有深度学习技术的精华，能够复刻甚至重塑世界级的艺术杰作，带来意想不到的效果。这里我们以复刻独特视角下的中国古典巨作《清明上河图》为例。

首先可以直接让 ChatGPT 对《清明上河图》的画面进行详细描述。

根据上一个案例所使用的方法，让 ChatGPT 将《清明上河图》的画面描述转成英语，再用英语转换成 Midjourney 提示词，将得到以下提示词和生成图像。

Prompt: IMAGE_TYPE: Classical Art Recreation | GENRE: Antique | EMOTION: Serene | SCENE: An antique-style, serene recreation of "Along the River During the Qingming Festival". The image should capture the tranquility of the countryside, the bustling city life, the crowded port scene, and the social hierarchy of the Song Dynasty, all in a muted, aged scroll aesthetic | TAGS: Zhang Zeduan, Northern Song Dynasty, classical Chinese painting, countryside, city, port, society --ar 2:1 --v 5.2 --style raw

我们可以利用"Zoom Out"和"Custom Zoom"功能不断调整图像，最终得到如下图所示的复刻效果。

结合 ChatGPT 和 Midjourney，我们可以将无数古今经典的艺术元素融入创作中，临摹复刻传世名画，如《洛神赋图》《富春山居图》《百骏图》等卷轴式长幅画作。

6.2　Midjourney 与传统设计软件的配合应用

Midjourney 与传统设计软件结合起来，可以创造出超越单一工具的应用范围和效果。这一节将着重讲解如何将 Midjourney 与 Illustrator、Photoshop 结合起来应用。

6.2.1　Midjourney 与 Illustrator、Photoshop 的配合应用

设计师对 Illustrator 和 Photoshop 两个软件肯定不陌生，这是设计入行必学的两个软件工具。考虑到本书的阅读者有不少是零基础，这里先介绍一下这两个软件。

Illustrator 是 Adobe 公司研发的一款功能强大的矢量图形设计软件，被广泛用于制作插图、漫画、标志、图标、打印设计和复杂的排版。Photoshop 也是 Adobe 公司开发的一款功能强大的图像编辑和设计软件，被广泛用于照片修饰、设计制作、网页设计以及电影特效制作等各个领域。Midjourney、Illustrator 和

Photoshop 这三款软件各有优缺点，但当它们配合使用时，将极大地激发创作创意，提高创作效率。无论你是设计师、艺术家，还是只是想为自己的项目添加一些创新的视觉元素，它们都能成为你不可或缺的工具。这三款工具可在以下几个方面配合使用。

创意草图和概念设计。在开始一个新项目时，你可能想要快速得到一些有创意的视觉概念。你可以使用 Midjourney 来快速创建一些创意草图或概念设计。只需要给出一些描述性的关键词，你就能得到一些精美且具有创意的图像。

插图和矢量图形制作。从 Midjourney 得到了一些创意图像后，可以将这些图像通过 Vectorizer 等在线矢量化平台，或者直接置入 Illustrator 中，转换为矢量插图。然后使用 Illustrator 对这些图像进行细化或二次创作，可以添加或修改形状、线条和颜色，以完善你的设计。

图像处理和效果制作。完成插图或矢量图形的绘制后，可以将设计文件导入 Photoshop 中。Photoshop 是一款功能强大的图像处理软件，你可以利用它来进行图像合成、添加特效、调整色彩和亮度，以及进行照片的后期处理等工作。这可以使你的设计达到更加专业和精细的效果。

协作处理复杂需求。对于包含多个元素和层次的复杂项目，如动画、海报设计或网页设计，可以利用这三款工具各自的优点进行协同创作。例如，可以使用 Midjourney 生成背景或角色设计，用 Illustrator 创建矢量图形或文字，然后用 Photoshop 进行最后的合成和效果处理。

6.2.2　Midjourney 与传统设计软件的优势和局限性

我们将 Midjourney 和传统设计软件（如 Illustrator 和 Photoshop）相配合可以解决很多复杂需求，但是也需要明白其中的局限性。

Midjourney 相对传统设计软件的优势。利用 Midjourney 快速生成图像的能力，设计师可以迅速生成创意构图原型，这样一来不仅节省了大量的时间，更重要的是，为创新提供了无限的可能性。Midjourney 的图像生成能力也使设计师有机会探索更为广泛的设计可能性，进一步扩大创意范围。Midjourney 与 Illustrator、Photoshop 等传统设计工具的结合，无疑提升了设计的效率和生产力，简化了工作流程，降低了重复性工作的比例，从而大大缩短了项目的完成时间。

Midjourney 相对传统设计软件的局限性。然而，我们要明白 Midjourney 也存在一定的局限性。最大的局限在于生成结果的不确定性。与传统设计工具相比，Midjourney 生成的图像结果更随意一些，这就需要设计师对结果进行适当的修改和调整。而 Midjourney 的 AI 生成能力，高度依赖给定的关键词提示，如果这些提示不准确或不清晰，那么它可能无法生成设计师所期望的图像。

尽管 Midjourney 的图像生成能力非常强大，但它无法替代设计师的专业技能和知识。设计师仍然需要熟练掌握 Illustrator 和 Photoshop 等工具，才能处理复杂需求和进行更加精细的设计工作。

6.3　深度学习在 Midjourney 中的影响和应用

深度学习被应用在 Midjourney 中并产生了深远的影响。深度学习是机器学习的一种，它的基础是神经网络。神经网络模拟了人脑的工作原理，通过大量的数据输入，经过层层的神经元处理和连接，最后输出我们期望的结果。这一过程需要经过大量的训练，网络通过不断调整自身的参数，逐渐学习到如何处理信息并给出正确的答案。对于 Midjourney 来说，这些"正确的答案"就是根据用户给出的提示生成的图像。

在 Midjourney 中，深度学习主要通过两个重要的技术来实现：神经风格迁移和生成对抗网络（GANs）。这两种技术都是深度学习在图像处理领域的重要应用，不同的是，神经风格迁移主要是把一种风格应用到另一种图像上，而 GANs 更加注重从无到有生成全新的图像。接下来我们会详细探讨这两种技术对 Midjourney 的影响和在 Midjourney 中的应用。

6.3.1 神经风格迁移和生成对抗网络的使用对 Midjourney 的影响

深度学习是推动 Midjourney 发展的重要动力，其中神经风格迁移和生成对抗网络（GANs）的贡献尤为显著。神经风格迁移技术使 Midjourney 能够捕捉一个图像的风格（如艺术家的画作风格）并将其应用于另一个图像，创建出令人叹为观止的艺术作品。相较于传统的图片处理技术，神经风格迁移能够提供更有深度和更复杂的风格表现，大大拓宽了创作的边界。

GANs 则使 Midjourney 得以从给定的描述生成全新的图像。GANs 的工作原理是通过两个相互竞争的神经网络——生成器和判别器共同工作。生成器产生尽可能逼真的图像，而判别器努力分辨出真实图像和生成图像的差别。通过这种竞争机制，GANs 能够产生逼真的图像，而这种逼真程度是传统图像生成方法无法达到的。

6.3.2 讨论深度学习在 Midjourney 中的具体实现方式

在 Midjourney 中，深度学习是通过神经网络实现的，这些神经网络由数百万个相互连接的神经元构成，它们可以从大量的图像和文本数据中学习。神经网络的一个重要特性是它们可以在处理信息时自动提取和学习特征，这使得 Midjourney 能够根据给定的关键词提示生成精细的图像。

在实现神经风格迁移和生成对抗网络时，Midjourney 采用了一种被称为卷积神经网络的深度学习模型。卷积神经网络在处理图像信息时特别有效，因为它们可以捕捉图像中的空间结构信息，并从多个层次上理解图像的内容和风格。

6.3.3 研究深度学习为 Midjourney 带来的潜力与挑战

深度学习为 Midjourney 带来了巨大的潜力，使其能够创建前所未有的艺术作品。然而，深度学习也给 Midjourney 带来了挑战。由于深度学习模型的复杂性，Midjourney 的开发者需要大量的计算资源和专业知识才能有效训练模型。此外，深度学习模型的输出结果也存在一定的不确定性和难以预测性，这可能影响 Midjourney 的用户体验。

尽管存在挑战，但深度学习无疑为 Midjourney 提供了一种强大的工具，可以创造出独特且引人入胜的视觉艺术作品。通过继续研究和优化深度学习技术，我们有理由相信，Midjourney 将在未来的艺术创作领域中发挥越来越重要的作用。

6.4 Midjourney 在增强现实与虚拟现实领域的应用

随着科技的发展，增强现实（AR）和虚拟现实（VR）两种技术正逐渐改变着我们与世界的互动方式。其中，Midjourney 作为一个先进的 AI 图像生成工具，正通过与 AR、VR 的结合，为艺术创作和设计领域开辟新的可能。通过这种结合，Midjourney 不仅能创造出各种各样的二维图像，更能生动地将这些图像置于三维空间中，为用户提供丰富和生动的视觉体验。我们将会看到，AR 和 VR 技术的发展不仅为 Midjourney 的应用带来了全新的可能，也为 Midjourney 的发展提供了更大的舞台。

6.4.1 解析增强现实技术、虚拟现实与 Midjourney 的交融

增强现实（AR）技术和虚拟现实（VR）技术是当前科技领域的两大热门。它们以特殊的方式改变了我们与数字世界的互动方式。增强现实通过在现实世界中添加数字元素，使数字世界与现实世界融为一体。而虚拟现实创建了一个完全沉浸式的数字环境，使用户能够全身心地融入这个数字世界。

Midjourney 通过与 AR、VR 的交融，提供了一种新的创作工具。比如，设计师可以用 Midjourney 创建逼真的虚拟场景，然后通过 VR 设备在这个场景中自由移动，从不同的角度观察和修改设计。或者设计师可以将 Midjourney 生成的图像元素放在现实环境中，通过 AR 设备观察和修改。

6.4.2　展示增强现实和虚拟现实在 Midjourney 中的应用实例

我们可以看到，越来越多的例子显示，Midjourney 通过与 AR 和 VR 的配合，不断推动设计领域的创新。例如，在建筑设计中，设计师可以用 AR 技术将 Midjourney 生成的 3D 模型在现实的建筑地块上进行展示。这使得设计师和客户能够在设计阶段就看到建筑的效果，提供了更为直观的决策依据。

在游戏设计中，可以使用 Midjourney 生成角色和场景，然后通过 VR 技术让玩家沉浸在这个虚拟世界中。Midjourney 能够帮助设计师快速创建丰富多样的虚拟元素，从而提高游戏的创新性和吸引力。

6.4.3　增强现实与虚拟现实对 Midjourney 未来的影响和挑战

随着 AR 和 VR 技术的发展，Midjourney 将面临新的机遇和挑战。在机遇方面，AR 和 VR 技术的发展将使 Midjourney 的应用领域进一步扩大，从二维设计转向更为丰富的三维设计。Midjourney 将有助于设计师在这个新的领域快速获得创新的设计元素。

在挑战方面，对 AR 和 VR 的技术要求将比传统的二维设计更高。设计师需要学习新的设计理念和技能，而 Midjourney 也需要不断优化和升级，以适应更高的技术要求。如何有效地保护设计师的版权，防止 AI 生成的设计元素被滥用，也是一个需要考虑的问题。

6.5　Midjourney 在各类艺术形式、材质与媒介中的应用

艺术形式、材质和媒介在艺术创作中起着至关重要的作用。它们不仅构成了艺术品的视觉特征，更深刻地影响了艺术品所传达的信息和情感。掌握这些艺术元素并运用到实际的艺术创作中，往往需要花费大量的时间和精力。Midjourney 作为一款前沿的 AI 图像生成工具，以强大的功能和灵活的应用为艺术创作提供

了新的可能。

通过 Midjourney，艺术家们可以快速实现各种艺术表现，并模拟出各种材质和媒介的效果。它将复杂的艺术创作过程简化为几个简单的步骤，使艺术家们可以将更多的精力放在创新和表达上，而不是烦琐的技术细节上。Midjourney 也提供了一个平台，让艺术家们能够探索和实践不同的艺术形式，从而更好地发展和丰富自己的艺术语言。

6.5.1 掌握在 Midjourney 中运用常见艺术形式的技巧和方法

当我们涉足不同的艺术形式时，如抽象艺术、现实主义、立体主义等，会不可避免地遇到各式各样的挑战。不同的艺术形式有不同的视觉语言，需要我们以不同的方式去理解和应用。幸运的是，Midjourney 为我们提供了一个独特的平台，让我们能够以前所未有的方式去挖掘、理解和实践这些艺术形式。通过使用 Midjourney，我们不仅能更好地理解不同艺术的特点和精髓，更能扩大认识的深度和广度，从而大大提升我们的艺术创作。

6.5.2 理解如何使用 Midjourney 实现不同材质和媒介的效果

材质和媒介对于艺术创作来说极其重要。它们赋予艺术品独特的视觉效果，并增强了艺术品的内容深度和丰富性，使艺术品更能够吸引和留住观众。如何在 Midjourney 中实现不同的材质和媒介效果显得尤为重要。无论你是想要模拟水彩的流动性、丙烯的厚重感，还是油画的浓郁质感，Midjourney 都可以帮助你达成目标。Midjourney 能够根据你的需求模拟各种各样的材质和媒介效果，从而使你的艺术创作更具有表现力和感染力。

虽然 Midjourney 的能力无疑非常强大，但仍需要注意的是，它并不能替代传统的设计工具和技术。例如，Midjourney 虽然能模拟出各种材质和媒介的效果，但仍无法代替手工创作中的细腻和真实感。Midjourney 可以帮助我们理解和应用不同的艺术形式，但无法替代我们深入学习和研究这些艺术形式的过程。因此，Midjourney 更应被视为一个辅助工具，能够帮助我们开阔视野、增强创作效率，而非替代我们的手工技能和专业知识。

6.6 Midjourney 中行业常用提示词和关键词的掌握与应用

在艺术和设计领域，选词至关重要。

好的关键词和提示词可以帮助我们精准地表达创作意图，并将这些意图有效地转化为具体的视觉元素。而在 Midjourney 中，关键词和提示词的选择更是影响到 AI 生成结果的质量和准确性。如果选择了恰当的词汇，Midjourney 便能理解并执行我们的创作要求，生成令人满意的设计元素。如果选择的词汇不准确，那么生成的结果可能与我们的期望存在较大的偏差。

掌握常用的提示词和关键词，以及了解如何根据具体需求挑选和应用这些词汇，对于提高我们利用 Midjourney 的效率和图像生成质量至关重要。这就需要我们对行业内的专业术语和表达方式有深入的理解。

在接下来的部分，我们将详细讲解如何在 Midjourney 中运用行业常用的提示词和关键词。我们将从各个行业和专业出发，介绍常用的词汇，并通过实例展示如何利用这些词汇获得理想的设计结果。我们也将分享挑选和应用这些词汇的方法和技巧。希望通过这些内容，你能更好地使用 Midjourney，提升创作效果。

6.6.1 专业关键词与行业术语在提示词中的作用

在使用 Midjourney 的过程中，选择适当的提示词和关键词是获取满意生成结果的关键。这需要你对 Midjourney 的工作方式有一定了解，同时也需要了解你所在行业中常见的术语和表达方式。

对于不同的行业和专业，常用的提示词和关键词会有所不同。例如，如果你是一名平面设计师，你可能使用诸如"极简主义""后现代""复古"等关键词来描述你的设计风格。如果你是一名插画师，你可能使用"卡通""写实""超现实"等词语来描述你的画风。

6.6.2 撰写 Midjourney 提示词与如何挑选和应用关键词

确定了常用的提示词和关键词之后，我们还需要学习如何根据实际需求，挑选并应用这些词语。正确的关键词和提示词的使用，不仅可以帮助我们在 Midjourney 中高效地生成所需的设计元素，还可以避免关键词选择不当而导致的结果偏离预期的问题。

挑选关键词和提示词的时候，一方面需要考虑你的设计目标和主题，另一方面也要考虑你所在行业的特点和趋势。关键词和提示词应该既能准确地描述你的设计需求，又能反映出你的设计风格和个性。

不同的关键词和提示词组合在一起会产生不同的设计结果。这就需要我们在实践中不断尝试和调整，以探索更多的可能性。

附录

Midjourney命令与参数列表

1. Midjourney 命令列表

这些 Midjourney 命令可以在机器人频道中使用，也可以在允许 Midjourney 机器人运行的私人 Discord 服务器上使用，或直接向 Midjourney 机器人发送消息。

通用命令

[/help]	显示有关 Midjourney 机器人的基本信息和提示。
[/info]	查看关于你的账户以及任何排队或正在运行的作业信息。
[/subscribe]	生成用户账户页面的个人链接。
[/settings]	查看和调整 Midjourney Bot 的设置。

图像生成命令

[/imagine]	使用提示生成图像。
[/blend]	轻松地将两张图像混合在一起。
[/show]	使用图像的作业 ID 在 Discord 中重新生成作业。
[/describe]	image2text 的功能，从现有图像创建提示。

模式切换命令

| [/fast] | 切换到快速模式。 |
| [/relax] | 切换到放松模式。 |

[/stealth][1]	切换到隐形模式（供专业计划以上的订阅者使用）。
[/public]	切换到公共模式（供专业计划以上的订阅者使用）。
[/remix]	切换混音模式。

自定义选项命令

[/prefer option]	创建或管理自定义选项。
[/prefer option list]	查看当前的自定义选项。
[/prefer suffix]	指定一个后缀，将其添加到每个提示的末尾。

其他命令

[/ask]	获取问题的答案。
[/docs]	在官方的 Midjourney Discord 服务器中快速生成用户指南中涵盖的主题的链接。
[/faq]	在官方的 Midjourney Discord 服务器中快速生成 Prompt Craft 频道常见问题的链接。

2. Midjourney 参数列表

参数是添加到提示的选项，可以改变图像生成的方式。每个提示可以添加多个参数。

例如，*[/imagine YourPrompt --parameter1 value1 --parameter2 value2]*。

基本参数

[--aspect, --ar]	改变生成图像的纵横比。
[--chaos]	改变结果的变化程度（0 ~ 100）。更高的值会产生更多不寻常和意想不到的生成物。
[--no]	负面提示。例如，"--no plants"表示从图像中去除植物。
[--quality, --q]	设置渲染质量时间（0.25/0.5/1/2）。默认值为 1，更高的值成本更高，更低的值成本更低。
[--seed]	设置图像生成中初始噪声的种子值（0 ~ 4294967295）。使用相同的种子和提示将产生相似的图像。

---

[1]　Midjourney 的订阅分为几个级别：基本计划、标准计划、专业计划、企业计划。这两个功能是专业计划以上的用户才可以使用。

模型版本参数

[--niji]	一个专注于动漫风格图像的替代模型。
[--hd]	使用早期的替代模型生成更精细的图像。
[--test]	使用 Midjourney 特殊测试模型。
[--testp]	使用 Midjourney 特别以摄影为重点的测试模型。
[--version, --v]	使用不同版本的 Midjourney 算法（1/2/3/4 或 5/5.1/5.2）。

升级器参数

[--uplite]	使用替代的"轻型"升级器。升级后图像细节更流畅。
[--upbeta]	使用替代的 beta 升级器。升级后图像添加的细节较少。
[--upanime]	使用训练有素的替代升级器与 --niji Midjourney 模型一起工作。

其他参数

[--creative]	修改测试和 testp 模型，使其更多样化和具有创新性。
[--iw]	设置提示词中图像提示与文本提示的占比权重值。默认值为 --iw 0.25。
[--sameseed]	初始网格中所有的图像都使用相同的启动噪声，生成的图像非常相似。
[--repeat]	后跟一个数字，此参数允许你的作业被多次执行。